IMPRESS NextPublishing

# データリテラシーとの格闘

DATA LITERACY

身の回りの「データ」に対する見方が変わる！

株式会社デリバリーコンサルティング
水野 悠介 著 ／ 高橋 昌樹 監修

インプレス

JN219334

# 目次

## 第一部　データリテラシーの理解と向上 …………………………………… 3
　第一部のはじめに ……………………………………………………………… 4
　1章　なぜデータリテラシーなのか ………………………………………… 8
　2章　データ組織のプロジェクト事例 ……………………………………… 19
　3章　個々のデータリテラシー向上 ………………………………………… 32
　4章　組織のデータリテラシー向上 ………………………………………… 60

## 第二部　データリテラシーとの格闘 ………………………………………… 89
　第二部のはじめに ……………………………………………………………… 90
　5章　製造現場のデータドリブン …………………………………………… 92
　6章　勘と経験からの脱却 …………………………………………………… 103
　7章　残業時間の可視化 ……………………………………………………… 116
　8章　データアクセシビリティの向上 ……………………………………… 129

# 1

## 第一部　データリテラシーの理解と向上

# 第一部のはじめに

　現代では「DX」といった言葉が流行し、一般的な概念になっています。特に経営者の中では、テクノロジーやデータという側面に注目し、データに価値を生み出して、何らかのビジネスインパクトを生むことができるのではないかと期待している方も多いと思います。
　ただし一方で、日本はデジタル化が遅れているといった話や日本はIT後進国だというような話を聞くということも多いです。

　実際多くの企業がこのトレンドに乗じてデータ分析ツールを導入したり、古いシステムをモダナイズ（現代化）してクラウドでデータを管理できるようにするなどの取り組みを行なっていると思います。
　ですがこのような取り組みを行なっても、成果を得ることができなかったり、最悪の場合プロジェクト自体が立ち行かなくなってしまうということが起きているのが現状だと思います。
　このような失敗が起こるのは、取り組みが小手先のやり方になってしまっていることが原因です。ただツールを導入するといったアクションは、起爆剤にはなり得るかもしれませんが、適切な準備がなければ、そのうち無理が出てしまいます。

　では、実際にデータの価値を最大限引き出すためにはどのような準備が必要なのでしょうか。まずはデータ活用を行うことに対する本質的な意味を見出すことで、目的を明確にすること。そして、データに対して正しい理解をすること。最後に、データに価値を見出すこと。これらの能力が必要になります。これらを実現するために重要なのが「データリテラシー」というスキルです。

しかし、データリテラシーのある人が数人いればデータ活用が上手くいくかというと、そういうわけではありません。データリテラシーは事業に関わる全ての人が持つことが重要です。
　今までは、「データに関わる業務」といえば主に、「システムに関わる業務」であったため、データに触れる組織やメンバーは企業の中でも限られていました。
　しかし現在ではビジネスのあらゆるところにデータは転がっています。それぞれのデータに対して本質的な理解ができるのは、それぞれの業務を担当している人になります。そのため、データの価値を最大限発揮するためには、データの扱いに長けたアナリストチームを発足して企業内のあらゆるデータを分析させるというアプローチではなく、そのデータに関する業務を行なっている人がデータリテラシーを持つというアプローチが必要になります。

　「データリテラシー」と聞くと非常に専門的なスキルをイメージする人もいるかもしれませんが、学術的なデータ分析スキルとは違って、データリテラシーの習得のハードルは遥かにハードルの低いものになります。
　なぜなら、ここで扱うデータは自分の業務と関連しているものであるため、インサイトが得やすい上に、データリテラシーというのは専門的な統計手法などまでには言及するものではないからです。
　自分の業務に関するデータについて理解し、それに価値を見出すためのビジネス的な側面の強いスキルのほうが、データリテラシーにおいては重要です。そのためには、一般的なデータ活用論で取り上げられる「インサイト抽出のための分析テクニック」や「指標設計のための方法論」というレベルではなく、業務課題に対する「問い」のレベル、そしてその問いをデータで解決するための「評価」のレベルで、業務とデータの関連性を理解する必要があります。
　データを扱うための本質的な考え方としての「データリテラシー」を培

えるようにすることが、本書としての位置付けになります。

　データリテラシーは業務に関わる全ての人にとって必要なスキルです。本書を手に取っているあなたに限らず、極論全ての人にこの本を読んでもらう必要があるくらいです。それは無理であるとしても、データリテラシーを企業で広げていく上でやはり壁になるのは、普段データに関わらない社員に対してもデータを一般的なものにしていくということです。そのために鍵になるのは、データを扱うという文化自体を企業や組織に広げていくことです。
　そしてデータ文化を組織に広げていくという考え方は、現代において重要視されている考え方でもあります。例えば、私が普段業務で扱っているTableauというツールは、世界的にもメジャーなBIツールです。Tableauも、ビジネスパーソンでも主体的に自社のデータを分析してインサイトを得られるように設計されています。これはTableauが組織のデータドリブンを促進し、データ文化を広げていくことを目的に作られたプロダクトであるからです。裏を返せば、Tableauにある機能やその考え方を理解することで、データリテラシーを飛躍的に向上させることが可能だと私は考えています。Tableauに限らず、ビジネスパーソンをターゲットとしたBIツールは徐々に普及しています。
　一方で、先ほど述べたように小手先のやり方でプロジェクトが頓挫してしまうケースもあります。このようなデータ文化の拡大が重視される時代において、全てのビジネスパーソンがデータという武器を手にする上での第一歩を手助けしたいという思いが、本書を作成したきっかけでもあります。

　第一部ではまず、データリテラシーとは何かということに対する理解を深めることで、あなた自身のデータリテラシーの向上を助けていきたいと思います。今までは特に気にかけていなかった身の回りの「データ」

に対する見方が変わるようになるはずです。

　第二部ではデータを扱う文化を広げていくということへのイメージをはっきりさせるための手助けをします。私が今まで関わってきたTableauを中心としたデータプロジェクトの経験から、データリテラシーの高い組織の特徴やデータプロジェクトにおける落とし穴、データ文化を広げていくためのアプローチなどを解説していくことを通して、データリテラシーを組織に定着させていくためのイメージを掴んでいただければと思います。

# 1章　なぜデータリテラシーなのか

　本書のテーマは「データリテラシー」です。今まで「データ活用」や「データサイエンス」などの重要性はいくらでも謳われてきました。ですが「データリテラシー」というワードに着目した書籍はあまり存在しません。

　データリテラシーはデータに対する正しい理解をし、どのように扱えばいいかを判断するための能力です。

　例えば皆さんの周辺で日常的に行われている業務の中で、データとして保存されているものがあると思います。例えばあなたが営業をしているのであれば見積もり数やアポイント数などがそうです。あるいはあなたが経理を担当しているのであれば、支払いデータや給与データに触れることがあると思います。これらのデータが何を意味していて、どのような経緯で作られたデータなのかを分かっているということが「データに対する理解」です。そしてこのデータをどのようにして持ってくればいいかが分かったり、データに対してどのような分析をするべきか考えられるのが「データを扱える」ということです。

　もしいきなり「雇用の統計データを解析して業務を改善しろ」と言われても、あなたがデータの専門家やその分野の専門家でない限り困るでしょう。しかし、あなたの身の回りにあるデータであれば理解しやすく、どのように活用できそうかも考えやすいはずです。

　まず明らかにしておきたいのは、私は本書において「データリテラシー」という概念がデータサイエンティストやアナリストなどのデータを専門とする人たちにとって重要であるという話をしたいのではなく、現場や意思決定等に関わるビジネスパーソンに対して重要であるということです。そしてこの「データリテラシー」というスキルを獲得するのに重要

なのは、統計などのデータ分析における専門的な知識ではなく、業務とデータへの理解です。

　では私が「データリテラシー」の重要性を謳うのはなぜか。それはビジネスパーソンがデータリテラシーを獲得することが、企業のデータドリブンを実現する架け橋になると考えているからです。そしてデータドリブンを実現することが今後のビジネスの世界を企業が生き延びる上で非常に重要なことであり、全ての企業がデータドリブンを目指すべきだと考えているからです。

## データドリブンとは

　データドリブンに対するよくある誤解として、データドリブンとは「データ基盤が整っていることを指す」「データを分析できる環境が整っていることを指す」「データを活用できるチームが存在することを指す」といった考え方があります。これらは確かにデータドリブンに必要な要素の1つではありますが、データドリブンを直接意味するものではありません。

　データドリブンとは「データを起点にしたアクションを取れる状態」のことを指します。データから得たインサイトをもとに、改善のための施策を実行できることが重要なのです。これにはデータの収集から可視化、分析、KPI設定、そしてデータに基づいたアクションに落とし込むためのコミュニケーションなど、さまざまなステップが必要になります。これらを一気通貫して行い、データに基づいた意思決定をアクションに移せる組織をデータドリブンな組織と呼びます。個々のデータリテラシー、そして組織のデータリテラシーを高めていった先にある企業の理想的な姿が、このデータドリブンな状態です。

　私がデータリテラシーの拡大を重視し、データドリブンを目指すべきだと唱える背景はデータ爆発にあります。

## データ爆発を理解する

　ここ数十年で、世の中に存在するデータは爆発的に増加しました。これにはデータが「第三者によって作り出されるようになった」ことが背景にあります。

　データ爆発前に身の回りに存在したデータのほとんどは、自分たちによって生み出されたデータです。例えばPCに保存されているExcelファイルや、社内のデータベースに管理されているシステムデータがそうです。

　対して現代では、多くのデータが外で生まれるようになりました。一番分かりやすいのはSNSでしょうか。SNSでは、日々のユーザーの動きがトランザクションデータとして蓄積され、ユーザーの動向に紐付く興味関心などのデータが作られています。インターネット上では、広告プラットフォームやSNS上でのユーザーの動きがデータとして蓄積され、リアルでもカメラやセンサーが人や物の動きを測るようになりました。

　そしてここに大きな問題が発生しています。それは、ビジネス側に立つ人間のデータに対する見方や視野が古いままであるということです。こんなにもデータが増えているのに、社内のデータ、しかも昔からあるデータしか見えていない。これは大きな機会損失です。データ爆発によって増えたデータを活用しない手はありません。

　まずは皆さんの意識改革のために、世の中のデータがいかに増えているかを数字でご紹介します。

　アメリカのある企業の研究によれば、世の中に存在するデータの量は近年破竹の勢いで増えているとされています。2000年には6.2 EB（エタバイト）であったデータ量は、2020年には35 ZB（ゼタバイト）まで増加しました。比率として、およそ5,600倍にもデータが増大しています。これらのデータの中には、あなたのビジネスで抱えている問題を解決するものもあるはずです。

今私がデータリテラシーの重要性を説くのは、データ爆発によりデータが潜在的に持つ価値が高まっていること、そしてそれを引き出すためにはデータリテラシーが重要であるからです。

## なぜデータリテラシーが必要か

　これらのデータに目を向け、積極的に活用していけるようになるには、企業の一部のデータサイエンティストなどの専門家だけでは足りません。データに対して古い見方・視野を持ったビジネス側に立っている人たちがこれらのデータに目を向けられるようになり、扱えるようになる必要があります。

　意思決定者がデータリテラシーを持つことで、当事者的に感じている事業における課題を「どうやったらデータで解決できるか」と考えられるようになると、今まで目を向けていなかったデータに目を向けることができるようになります。しかも、自身の抱えている問題意識と結びついたこのデータは、事業の促進に役立つはずです。現場に立つビジネスパーソンもデータリテラシーを持つことで、意思決定者から共有されたデータに基づく意思決定に対して理解ができるようになります。これがデータドリブンの在り方です。

　データドリブンとは、単に組織的なデータ活用ができるようになることではなく、データに基づいたアクションが取れることが重要です。そのためには意思決定者から現場まで通貫してデータリテラシーを持つことが必要です。そしてデータドリブンを実現することで、他の課題に対して有効打となるデータが新たに発見され、また改善のためのサイクルが回されるという好循環を招くことができるようになります。

　組織を包括したデータリテラシーの浸透は、データドリブンを加速するために必須のスキルなのです。

## データリテラシーの高い組織に生まれるメリット

　データを活用し、実際にビジネスのための改善アクションが取れるようになると、多くの恩恵を見込めるようになります。データリテラシーの高い組織では組織内のあらゆるところでデータによる業務改善の取り組みが行われ、それによって多くの恩恵を得ることが可能です。データリテラシーが高い組織にどのような強みがあるのか説明していきます。

**勘や経験に依存した業務から脱却し、データ中心の意思決定ができる**
　データリテラシーの高い組織では、データを用いた意思決定に対して、アクションを取る側の人間もその意図を理解し、意思疎通をスムーズに行うことができます。データ中心の意思決定ができることによるメリットは主に「業務を標準化できる」という側面と「優れたビジネス戦略を設計できる」という側面があります。

　まず、「業務を標準化できる」ということについて解説します。勘や経験に頼った業務に陥ると、業績においてパフォーマンスが高い人とそうでない人の差が大きく開き、習熟にも時間がかかります。特に営業は手法を経験によって培うという側面が大きく、勘や経験に依存しやすい業務の代表例です。

　ベストプラクティスがパフォーマンスの高い社員の頭の中にしかない場合、新入社員などのレベルを底上げし、一定のレベルに持っていくまでに長い時間がかかります。また、パフォーマンス自体も社員によってばらつきが大きくなり、業績の安定性が揺らぎます。

　データを活用し、業務フローや業務に関する細かい指標を可視化することで、感覚の中でしか掴めなかった業務のコツが言語化あるいは数値化され、業務の標準化に役立てることが可能です。業務パフォーマンスの向上において重要な指標を設けることで、業務のレベルを底上げし、ばらつきを減らすことができます。

また、データ中心の意思決定がなぜ優れたビジネス戦略を導けるのかについても説明します。

　データ中心の意思決定ができると、正確な意思決定を導けるようになり、意思決定までのスピードを向上させることが可能です。正確さが向上するのは、データに基づいた意思決定のほうがバイアスのない判断を導けるからです。勘や経験に依存すると、観点が偏ってしまうリスクがあり、近視眼的な見方で業務を評価した意思決定を招いてしまう可能性があります。対して、意思決定に必要な要素を事前に洗い出し、さまざまなデータで評価できるようにしておけば、常に標準化された意思決定を行うことができますし、改善のアクションも取りやすいです。

　次に、意思決定をスピーディに行える理由ですが、これはチームの共通理解を促すことが可能だからです。勘や経験による意思決定は、曖昧さが生まれてしまうことがあったり、意思決定の根拠を明らかにしてメンバーに伝達するのにコミュニケーションコストがかかりやすいです。データ中心の意思決定は、数値によって根拠が明らかになり、それをチーム内で共有することができるため、チーム内でコンセンサスを取って迅速に意思決定を行うことが可能になります。

**生産性の向上**

　データリテラシーの高い組織では、企業のあらゆるところでデータが可視化され、分析されていきます。これは企業の生産性向上に大きく役立ちます。

　まず、データを可視化することで、業務における問題箇所を特定し、定量化することが可能です。感覚的に問題を把握することと違って、データを用いた問題箇所の特定は、問題を解決する上での手がかりを多く得ることができます。例えばその問題が発生している頻度や、発生するタイミング、場所なども関連するデータから知ることができるかもしれません。このような副次的な情報を用いることで、問題の根本原因を突き

止めることが可能です。

　原因が分かると、効率的かつ効果的な解決が可能になります。業務においてボトルネックになっている箇所が発見できれば、問題を再発させないような改善が可能になりますし、営業で上手くいく方法が可視化できれば、その方法に再現性を持たせることも可能です。このように、データを用いると本質的な業務の改善を行うことができるため、データリテラシーの高い組織は高い生産性を得ることができます。

**ビジネスにおける新しい機会の創出**
　高いデータリテラシーを持つ組織は、あらゆる情報を素早くキャッチできるという側面も持っています。これによって新しいビジネスの機会に対しても敏感になり、柔軟に対応することが可能になります。2つ例を挙げます。

●新しいニーズや市場の発見ができる
　データを分析していく過程で、自社では把握していない新しいニーズであったり、市場を発見することが可能になります。特に、データを上手く扱えるようになると、市場の動きをリアルタイムで捉えられるようになるため、このような変化に敏感になります。そのため、他の企業よりもいち早く手を打つことが可能になり、新しいビジネスチャンスを手にすることが期待できます。

●テクノロジーに対する柔軟性を向上できる
　日々、新しいソリューションが世の中に生まれています。データの管理や分析の方法にもあらゆる手段がありますが、情報やツールが溢れすぎていて正しい判断が難しくなってきています。高いデータリテラシーを持つ組織では、技術のトレンドを早期に把握することや、技術に対する評価を的確に行うことが可能です。このようにして重要なテクノロジー

の選定ができるようになり、その必要性の共通理解を促進できるため、デジタル化の波をキャッチアップしていくことが可能になっていきます。

## データリテラシーとは

　あなた自身がデータリテラシーを持つことによって、あなたの身の回りにあるデータがどうやって生まれたデータであるのか、何を意味するデータなのかを理解することができるようになります。そうすると、あなたが普段の業務で潜在的に抱えている「ここに問題があるのではないか」という課題を、データを使って明らかにし、解決できないか考えられるようになります。

　データからは、その問題が本当に存在するかだけでなく、その問題の根本的な原因も可視化することができます。原因が分かると、根本的な問題解決にも繋がります。普段、対症療法的な措置を取っていた問題に対して永続的な解消ができるようになるため、他の業務に充てる時間が生まれ、リソース不足を解消したり、生産性を高めることができます。

　データも課題もあらゆるところに転がっています。データリテラシーを得ることで、業務の見え方も今までとは違うものになるはずです。

　まずは一般的な「リテラシー」とは何かについて考えていきましょう。リテラシーとは英語で「読み書きができる能力」のことを指しますよね。「リテラシー」がつく日本語で言えば「情報リテラシー」や「金融リテラシー」などが思い浮かぶのではないかと思います。

　情報リテラシーとは、Googleなどで検索をして自分の欲しい情報を手に入れたり、手に入れた情報が正しいかどうかを判断できるようなスキルになります。情報をただ得てそれを頭にインプットするというよりは、適切な情報の取得の仕方を知って、正しい情報と間違った情報を取捨選択できる能力であるかと思います。

また、金融リテラシーは簡単に言えばお金を上手く使える能力のことを指します。お金や経済の仕組みについて知り、適切なお金の使い方を判断できるようなスキルです。特に日常生活では、正しい投資や貯蓄の仕方等を判断できるようなスキルとして金融リテラシーが重視されます。これも、金融について知っているだけでなく、自分でその知識を使って正しくお金を運用することが求められるスキルを指しています。
　ここまで触れたことから一般化すると、リテラシーは「適切に使いこなせるようにする能力」のことを指していることが分かります。
　データリテラシーの正体は「データを正しく扱う能力」です。データリテラシーを理解するためには、データを正しく扱うために何ができる必要があるかを把握しておく必要があります。下記が、データを正しく扱う上で特に必要な能力です。

データリテラシーを構成する力
1．データがどのように生まれ、何を意味しているか理解できる力
　　・データの構造やデータソース、取得方式など、データのコンテクストを理解できる。
　　・そのデータが業務のどこの工程で発生したかを知っており、信頼性についても判断できる。
2．データを適切な手段で取得できる力
　　・データソースから課題解決に必要なデータを適切な形式で取得できる。
　　・社内やオープンデータなど世の中に存在するデータに対して広い視野を持っている。
3．データを適切な手法で利用できる力
　　・課題解決を行うための適切なテクノロジーや分析方法を選択できる。
　　・インサイトを得るための最適なデータの表現の仕方を考えられる。
4．データが持つ価値について言語化し、説明できる力

・課題解決に繋がるデータが何かを判断でき、言語化することができる。
・データの意味について説明ができ、データ中心の組織的なアクションを取ることができる。

これらのことをまとめ、データリテラシーとは何かを言語化すると、データリテラシーとは**「データをビジネスの文脈に沿って理解し、適切な方法で取得・利用でき、その価値を説明できる力」**であると説明できます。

### データリテラシーの本質的な力

データを用いた分析・改善プロジェクトは大抵の場合、以下のような流れで進みます。

1. データ可視化
2. インサイト抽出
3. 分析
4. 根本原因に対する仮説構築
5. 検証・アクション

このようなフローはよく聞く話だと思います。一方で、これはデータを扱うことを前提とした流れであり、データを使うことそのものに対する妥当性や、データ活用の目的・背景課題などを検証するプロセスが入っていないことに注意する必要があります。

データを扱う上での根幹として必要なのは手段ベースのアプローチではなく、目的志向のアプローチです。そのためにはデータを使うことに踏み切る前に、「業務課題の明確化」を行い、そして「どの業務に（Where）、

何のデータを（What）、どうやって用いるのか（How）」を導く必要があります。

「業務課題の明確化」を行うためには、業務のあらゆるプロセスに対する「問い」を生み出す力が必要です。普段行っている業務を通して直感的に考えられる業務の課題であったり、不透明な部分に対して、「この業務が遅延するのはなぜだろう？」「上手くいっている業務とそうでない業務に、どのような側面で違いがあるのだろう？」と問いを立て、その解像度を徐々に上げていけるようにすることが、問いを生み出す力です。深い問いを見出すために必要となるのは、業務に対する深い理解になります。

「どの業務に（Where）、何のデータを（What）、どうやって用いるのか（How）」を導けるようにするためには、問いを「評価」する力が必要です。課題が存在している業務が何か、どこのシステムで収集されているデータを使うべきか、いつのデータを使うべきか、どのように可視化すべきかなど、問いに対する適切な答えを導く方法を検討するのが「評価」のプロセスになります。評価を通してその課題に取り組むことは妥当かどうか、実際にデータを使って解決できそうな問題かどうかを確認することができます。

データ活用において重視される「データからのインサイト抽出」や「適切な指標の設計」などのプロセスは、業務に対する「問い」のレベルと、その問いに対する「評価」のレベルによって支えられたものになります。データを扱う際の本質となる「問い」と「評価」というプロセスを適切に踏んで業務を考えられるようにすることで、データを使う目的が明確になり、適切な使い方が浮かび上がってきます。このプロセスを踏んだ上で実際にデータを使うフェーズへ移行することで、業務課題の根本原因に対して「仮説」をスムーズに立てられるようになります。これを検証することが、データドリブンを実現する上で目指すべき「アクション」のレベルになります。

# 2章　データ組織のプロジェクト事例

　1章ではデータとデータリテラシーの重要性について紐解き、データリテラシーの概念について説明を行いました。2章では高いデータリテラシーを持っている組織が

1．どのように自社の課題およびデータと向き合い
2．どんなプロセスを経て仮説を立て
3．どのように業務を改善していくのか

をイメージできるようにすることをテーマに、1つの事例を紹介します。ここで取り上げるのは、オフィス家具を取り扱う架空の企業です。「オフィス」というものの価値を根本から捉え直し、オフィスにさらなる付加価値を生むために、データを活用してオフィスの変革を行っていきます。

**概要**

　ここで取り上げるのはオフィス家具を販売する企業です。ここでは社名を「スカイオフィスデザイン株式会社」とします。
　コロナ禍により、社員の働き方は大きく変化しました。スカイオフィスデザイン社にとってこの働き方の大きな変化は、オフィスの在り方を見直す機会となりました。ほとんどの企業でリモートワークが身近なものとなった一方で、対面でコミュニケーションを取ることの価値を見直している企業も現れています。スカイオフィスデザイン社の中でオフィス変革を担う部署のマネージャーである田中さんは、働き方が変化する中で、対面でコミュニケーションを促進するオフィスという空間に対し

て認識を改め、その価値を再定義すべきと考えました。そして「魅力的なオフィスを実現するには？」という問いのもと、オフィスを変革するためのプロジェクトを始動させました。

## 居場所の固定化とコミュニケーション相手の固定化

　スカイオフィスデザイン社の田中さんは社員に対し、作業に応じて利用するエリアを使い分けてオフィスを効率的に活用してほしいという思いを持っていました。ここには、よりオフィスを効率的に使ってほしいという思いと、社内でのコミュニケーションを促進したいという思いがありました。

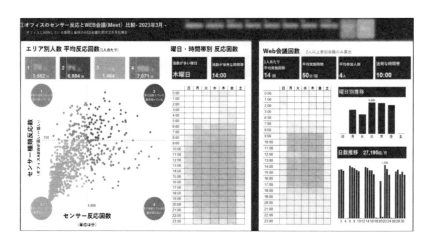

　この企業ではオフィス内にさまざまなエリアがあり、場所に応じてどんな作業を行うことを想定しているかコンセプトが設計されていました。一方で、作業する場所が社員ごとに固定化しており、目的に応じた使い分けを上手く促進できていないという課題があるとも考えられていました。社員の居場所の固定化により、その社員自身が作業に応じて適した

環境を使い分けられていないという課題と、固定化されたメンバーが一定の場所を占有してしまい、そのスペースを使ってほしい人に利用してもらえていないという課題が存在していました。

　また、毎日同じ場所で作業をしていると、同じような人たちと関わることが増えていきます。これもスカイオフィスデザイン社が気にしている課題の1つでした。会社側は、社内のあらゆるメンバーと交流することで、新しい価値が生まれることを期待しています。例えば営業職の面識のない二人が情報交換をすることで業績を向上させたり、他部署のデータプロジェクトの担当者同士が交流してベストプラクティスを共有するなど、新しいコミュニケーションの繋がりを築くことで、新たなビジネスの機会を生み出せると考えています。このような機会を作るためにも、社員の居場所の固定化による「コミュニケーション相手の固定化」も企業が重視している課題でした。

## 「問い」の深掘り

　より魅力的なオフィスを実現するために、現在のオフィスの問題点について洗い出した田中さんは、より具体的な切り口で業務を評価できるように、「問い」を掘り下げていきます。

- ・社員が活発なのはいつか
- ・社員の社内での移動はどれくらい活発か
- ・多くの社員に利用されているエリアはどこか

　スカイオフィスデザイン社では、オフィス内の社員の動きを計測したデータが集計されていました。オフィスの至る所にセンサーを設置されており、このセンサーに社員が持っているスマートフォンが反応することで、いつどこに、どの社員がいたのかがログデータとして記録されま

す。田中さんは、このデータを使うことで、上記の問いに対する答えを得られるのではないかと考えていました。

　一方で、オフィスの利用状況について具体的な分析を行う取り組みは初めてであるため、これ以上先はまだ何を考えればいいのか、見えないことだらけです。そこで田中さんはひとまず実験してみようと考えます。現在の問いに答えられるような業務の評価方法を策定し、データを可視化することで、そこから得られた知見をもとに新しい問いを見出せないかと考えたわけです。小さく仮説検証を回しながら、徐々に問いの質を高めていくというアプローチを取ります。

## 目的

　プロジェクトのゴールは「今のオフィスを社員にとってより魅力的なオフィスへと変革する」ことです。スカイオフィスデザイン社は、社員のオフィスでの活動が活性化することで、コミュニケーションが促進され、社内でのイノベーション創出の機会を増やすことができると期待しています。そのために、用途に応じた多くのエリアを、社員それぞれの目的に応じて利用してもらえるオフィス環境の実現を目指します。

　最初のマイルストーンは、「オフィス利用の現状を可視化し、現在の利用状況と理想的なオフィス利用イメージの乖離を探る」ことです。この時点では、何となく「固定された一定のエリアで作業している社員が多いのではないか」「ルールが守られていないエリアがあるのではないか」などのぼんやりとした仮説は存在していましたが、それを定量化するまでには至っていませんでした。そのため「一定の場所にいる社員はどれだけの割合いるのか」「どこのエリアで問題が起きているのか」などの具体的な状況は特定できていません。まずは現状を可視化し、問題箇所を探り、さらに踏み込んだ仮説を導くためのインサイトが得られないか試みます。

## アプローチ

　オフィスの現状を可視化するために、まず「問い」を定量的に「評価」する方法を考えます。例えば問いが「社員が活発なのはいつか」というものであれば、その問いに答えを出すためにどんなデータが必要か（社員の出勤履歴なのか、オフィス内センサーのログなのか等）を考えるのが評価のフェーズです。先ほど挙げた3つの問いに対して、評価方法を考えてみましょう。

●問い：社員が活発なのはいつか
　社員がオフィス内を移動した場合、移動した先でセンサーが反応します。センサーが反応した際のログに含まれるタイムスタンプを用いれば、各センサーがいつ反応したかを特定することができます。これらのデータを用いて**「センサーの反応回数が多い時間帯・曜日」**を可視化することで、社員が活発なのがいつかを評価することが可能となります。

●問い：社員の社内での移動はどれくらい活発か
　まず社員の活発さを測るには、そもそも社員が出社しているかどうかを測定する必要があります。
　出社している間は、いずれかのセンサーに社員の持っているビーコンが反応しているので、社員の出社時間を計るための指標として「社員ごとのセンサーの反応回数」が1つの指標になりそうです。また、社員がオフィス内での移動を活発にしている場合、移動した先々にあるセンサーに社員が持っているビーコンが反応しているはずです。したがって、この問いは**「社員ごとのセンサーの反応回数」「社員ごとの反応したセンサーの種類の多さ」**という2つの軸で評価が可能です。

●問い：多くの社員に利用されているエリアはどこか

センサーはオフィスの各エリアに配置されているため、各センサーが反応した回数を可視化すれば、どこのエリアが頻繁に利用されているか調べることができそうです。したがってこの問いに対する評価の方法は**「センサーごとの反応回数と各センサーの位置」**の可視化になります。

　問いを評価するために用いるデータが決まったので、後はこのデータを用いて実際のダッシュボードを設計し、最初の段階目標である「現状の可視化」を実現していきます。センサーのデータはただのログデータですが、BIツールを用いることで、グラフやヒートマップなど、データを解釈しやすい形式で表現することが可能です。

**社員の活発さを評価するためのダッシュボード**
　田中さんのチームが最初に作成したのは、オフィス内での社員の動きがどれだけ活発かを可視化するためのダッシュボードです。オフィス内には多数のセンサーがあり、社員がいつどこにいたのかが記録されています。このデータを用いて

- 社員が活発なのはいつか
- 社員の社内での移動はどれくらい活発か
- 多くの社員に利用されているエリアはどこか

という問いに対する答えを見出していきます。

●問い：社員が活発なのはいつか
　「センサーの反応回数が多い時間帯・曜日」の可視化を行う方法を考えます。
　反応回数が多い曜日は、各曜日の数字を見ればすぐに分かります。問題は時間帯です。時間ごとに区切っても、月曜日から1日は24等分でき、

それを曜日ごとに評価すれば24（時間）×7（曜日の数）＝168個の指標があります。この指標は数値だけでは評価がしづらいため、ヒートマップを用います。曜日ごと、時間帯ごとにマスを作り、センサーの反応回数が多ければ多いほどそのマスを濃い色で塗ることで、直感的に、どこの曜日、どの時間帯でのセンサーの反応数が多いかを検証することができます。田中さんは、曜日・時間帯ごとのセンサーの反応回数をヒートマップとして表現しました。また、Web会議のログデータを使って、オンライン上での活動の活発さも同時に評価できるダッシュボードを作成しました。

●問い：社員の社内での移動はどれくらい活発か
　次に「社員の社内での移動はどれくらい活発か」という問いを評価するために、

　　・社員ごとのセンサーの反応回数
　　・社員ごとの反応したセンサーの種類の多さ

を可視化します。それぞれの数値の相関が見えるように散布図を使ってデータを表現するアイデアを考えました。
　「社員ごとのセンサーの反応回数」、「社員ごとの反応したセンサーの種類の多さ」という評価方法はそれぞれ「出社率」、「オフィス内での移動率」を表します。出社率と移動率にそれぞれ一定の閾値を設け、「出社が多い・少ない」「動き回っている・動き回らない」というセグメントに分けることでグラフが分かりやすくなりました。

| 指標 | 用いるデータ |
| --- | --- |
| 出社率 | 各社員のスマートフォンとセンサーの反応回数 |
| オフィス内での移動率 | 各社員のスマートフォンに反応したセンサーの種類数 |

オフィス内での社員の活動がより活発になるということは、「出社が多く動き回っている」という象限に属す社員数が増えることになります。このダッシュボードによって「できるだけ多くの人にオフィスを利用してほしい。できるだけいろんな場所を使ってほしい」といった定性的でぼやっとした目標を、「出社回数○○回以上かつセンサーの反応種類数○○以上に該当する社員を○○％以上にする」といった定量的な目標値として設定し、共有することが可能になります。これはいわゆるKPIです。閾値を設定することで、目標基準を明確にできます。

　ダッシュボードを用いた結果、ほとんどの人があまり出社せず、オフィス内を動き回っていないことが分かりました。一方で中には多く出社していて、オフィス内を活発に動き回っている人もいるということが確認できました。これは大きな進歩です。

　定量的な指標でオフィスの現状を評価できるようになったところで、「オフィスの利用状況はどのように変化しているか？」という新しい問いが生まれます。

　そこで、田中さんはダッシュボードを期間ごとに分けて見られるように設計しました。これによって今までの社員のオフィス利用状況を時系列的に見ることができるようになり、今後何かしらの施策を行なった際の改善効果も検証できるようになります。実際、時系列的にダッシュボードを見た結果、コロナ禍による出社制限によって「出社が少なく動き回らない」象限にほとんどの社員が属していたところから、徐々に「出社が多く動き回っている」のほうに属する人の割合が増えていっているトレンドを確認できました。

●問い：多くの社員に利用されているエリアはどこか

　各エリアがどれだけの社員に利用されているかを知るために、「センサーごとの反応回数と各センサーの位置」を可視化します。一旦ここで、どのようにすれば上手く可視化できそうか皆さんもぜひイメージをして

みてください。

　オフィスにはいくつものセンサーが設置されており、それぞれの反応回数を数値で追うのは困難です。また、センサーの位置を分かりやすく表現する必要もあります。各センサーがどこに置かれているものなのかを対応づけることは可能です。

　では実際にどのようなダッシュボードを設計したのか説明していきます。多くの社員に利用されているエリアを可視化するために、ここではヒートマップを用います。フロアのエリアマップを表示し、センサーが置かれている位置に対して、センサーの反応回数が多ければ多いほど表示が濃くなるようなヒートマップを作成しました。これによって直感的に、どのフロアのどのエリアが頻繁に利用されているのかを知ることができます。

　田中さんのチームはこのヒートマップを用いてオフィスの利用状況を的確に把握することができるようになりました。そして鍵となるフロアの存在に気づきます。

　とあるフロアでは最近リノベーションが行われ、レイアウトの大幅な変更が行われていました。その結果、他のフロアに比べて利用率が高くなっていることが分かりました。社員の利用を促進するためのロールモデルとして、このフロアの設計を参考にすることができそうです。このフロアのことを「キーフロア」と呼ぶことにしました。

「問い」の掘り下げとさらなる分析

　キーフロアに着目し、さらに具体的なオフィスの利用状況の把握と、問題点の発見を目的に、新たな仮説を立てていきます。田中さんはキーフロアの中にある、とあるエリアに着目しました。

ライトカンファレンスエリア

　このエリアはホワイトボードとテーブルが置かれている、半個室型の

エリアになっています。名前の通り、簡単な会議等で使われることを目的とした場所となっており、複数人での打ち合わせを想定したエリアとなっていました。

　フロアのヒートマップによって、このライトカンファレンスエリアは特に利用率が高いことが分かっていました。しかし、さまざまな人が使えるようにルール通りの運用がされているかどうかは分からない状態でした。そこで田中さんは新たに**「ライトカンファレンスエリアの利用状況はどのようになっているのか」**という問いに基づいて分析を進めます。田中さんは実際にキーフロアに赴き、ヒアリングを行いました。そこで挙がったのは「一部の人がエリアを寡占していて、打ち合わせ場所ではなく作業スペースとして利用している」といった意見でした。田中さんは**「ライトカンファレンスエリアの利用者数と平均滞在時間」**を可視化することで、利用状況を測定しました。

●問い：ライトカンファレンスエリアの利用状況はどのようになっているのか
●評価：ライトカンファレンスエリアの利用者数と平均滞在時間

　ライトカンファレンスエリアの利用者の平均滞在時間は、設置されているセンサーのログデータに含まれるタイムスタンプ情報を用いて知ることができます。

　調査を行った結果、1人当たりの平均利用時間が3時間を超えており、場合によっては6時間以上継続して利用されているようなケースも発見されました。ここまで長時間の利用となると、軽い打ち合わせに利用されているとは考えづらいです。またライトカンファレンスエリアが利用されている時間帯の平均利用者数を調べると、1.4人でした。これらのデータから、ライトカンファレンスエリアは一部の社員が作業スペースとして利用している実態があると考えられます。

ライトカンファレンスエリアの人の入れ替わりが平均で3時間に1回しかなく、場合によっては全然空かない状態が続くとなると、社員としては「打ち合わせの時にはライトカンファレンスエリアを使おう」という考えになりづらくなります。これは、会社としては打ち合わせの場所を用意していても、社員にとってはスペースが足りていないと感じるなど、オフィスの快適さを下げる要因になります。

　田中さんはこの現状を改善するために、ライトカンファレンスエリアに対して利用時間を規定し、利用状況を管理できるようにしました。1度の利用は2時間までとし、社内システムから利用の予約を行うことができるようになりました。現在の利用状況や今後の予約可能時間の状況も社内システムから誰もが閲覧できるようになり、打ち合わせ用途に合った場所として快適に利用できるエリアになっていくことが期待できます。

- 分析結果：一部の社員が過度に長時間滞在していることが分かった
- アクション：利用ルールを規定し、電子システムで管理可能な形式にした

## データプロジェクトの展望

変化を見るツールとしてのダッシュボード
　グラフやヒートマップなどの形式でオフィスの現状を定量的に評価することが可能となりました。
　今後のデータプロジェクトの動きは、データから得られる情報を元に問題が発生している箇所を把握し、その実態を確かめるために定量分析を行なったり、必要に応じて現場へのインタビューなどの定性調査を行うことになります。
　問題箇所が分かれば、その改善のための施策を行います。ライトカンファレンスエリアの利用状況改善や、フロアのレイアウト改善のための

リノベーションなどが施策に当たります。

　施策を行った後は、実際に問題が解決されたのかを確認する必要があります。その際にBIダッシュボードは変化を見るためのツールとして役立ちます。作成したダッシュボードに反映されるデータは、期間に応じてフィルタリングすることができるため、例えば「7～9月の期間と10～12月の期間で、各エリアの利用者が何パーセント増減したか」というように、期間ごとの指標やヒートマップの変化を比較することができます。改善されているようであれば、仮説として挙げていた問題箇所が正しく、行ったアクションも正しかったということを検証することができます。もし改善がされていなかったとしても、他の場所に問題があると見立て、さらなる分析を進めていくことができます。このように時系列的な方法でデータを見ることができるのがBIダッシュボードの魅力の1つです。

　今後、オフィスをさらに魅力的なものにする上で、田中さんのチームはオフィスの利用状況を継続に監視し、改善アクションを取り続けることができます。必要に応じて設定した指標を変更することもでき、数値を最適化していき、オフィス分析のベストプラクティスを探っていくことも可能です。

**新たなビジネス展開**

　今回のプロジェクトで得られたオフィス利用におけるベストプラクティスをデータ分析によって実現するというアプローチは、新しいビジネスとして横展開することも可能です。

　スカイオフィスデザイン社のオフィス同様に、オフィス利用状況のデータを他社のオフィスでも収集できるようにすることで、オフィス利用における課題の分析・環境改善アプローチを提供することができます。

　キーフロアから得られた知見や、リノベーション等のアクションによって変化した利用状況は、定量的なデータとして測定することができています。そのため改善の効果を明確にすることができ、再現性を取ること

もできます。

　データに基づいた業務改善などのプロジェクトは他のものも同様に、新たなビジネスとして発展する可能性を秘めています。スカイオフィスデザイン社では、企業のオフィスにさらなる価値をもたらすためのサービスとして、オフィスコンサルティング事業を展開していくことを企画しました。自社のオフィス環境をロールモデルとして、進化し続けていくオフィスを他社にも広げていきます。

## まとめ

- データを扱うための本質的な力である「問い」を生み出し、「評価」する方法を考えられる力
- 問いを掘り下げていく先で新たなインサイトが生まれる
- 現状をグラフやヒートマップ等で可視化し、時系列的な変化を監視できることがダッシュボードの強み
- データに基づく業務改善は再現性が取れ、新しいビジネス機会を創出する可能性も持っている

# 3章　個々のデータリテラシー向上

　2章では、データリテラシーのある組織がどのようにデータと向き合い、データ活用プロジェクトを進めていくのかについて話してきました。この章では、読者の皆さんにもデータリテラシーを高めてもらうために、データリテラシーの本質である「問い」と「評価」に対する考え方を養い、実効的なアクションに繋がるようなインサイトを導いていけるようサポートします。

　データの価値を生むために解決しなければいけない問題は無数に存在すると思いますし、企業ごとに異なると思います。ここで紹介するのは、どのような組織でも通用する、個々のデータリテラシーの向上に着目した考え方です。あなた自身がデータに対してどのように考え、どのように向き合っていくべきかを教えます。誰もが今から実践できることを教えますので、自分の立場に置き換えながら読んでみてください。あなた自身が現場にいる立場であろうと、意思決定を行う立場であろうと、データを用いた問題解決をする上での軸になる考え方を提供します。

## データに対する考え方の問題：日本のデータ活用は結果指標に依存している

　結果指標とは簡単に言えば、売上や利益など、「業務に対する何かしらの結果を示す数値」になります。帳票文化の日本では、ビジネスパーソンに与えられるデータは初めから結果指標であることが多く、結果指標の遷移などを見てビジネスにおける意思決定を行っている場面が多くなっています。ここが日本のデータリテラシーおよびデータ活用における大きな問題です。

売上などの結果指標も立派なデータであるわけですが、何が問題なのでしょうか。それを理解するには、先行指標について理解する必要があります。先行指標について簡潔に説明すると「業務のプロセス上にある数値」のことを指します。ピンと来ないかもしれないので例を挙げると、営業においては売上や成約件数が結果指標で、見積もり数やアポイント数などが先行指標になります。野球においては、最終的なスコアは結果指標ですが、回ごとの得点は先行指標であると言えるでしょう。このように、業務（野球を業務とは呼ばないかもしれませんが）を段階的に評価できる数値が先行指標になります。

　少し野球の話を引っ張りますが、結果指標のみを使って、つまり最終的なスコアだけを用いて敗因分析や改善を行うよりも、先行指標を活用したほうが良いです。例えば回ごとのスコアからは、どの回に問題があるかが見出せそうです。他にもピッチャーの回ごとの累計の投球数などと比較すれば、失点が多かった回との相関を見出せるかもしれません。1試合だけでなく、過去の試合のデータを見て同じようなケースで得点を取られている試合が多いのであれば、戦術を練り直す必要があります。

　一方で結果指標のみ使った場合はどうなるでしょうか。負けたのは「努力が足りないからだ！」といった結論になるかもしれません。このように先行指標を設定することで、段階的にものごとを評価することが可能になります。また、次にアクションを取る際にどのような指標に従えばいいのかという目安もできます。

　結果指標だけでのデータ活用は、データを最大限活用できる状況ではありません。データに基づいた意思決定を行うのに必要なのは、段階的な指標であり、それが先行指標です。先行指標は結果指標とは異なり、あらゆるデータを結びつけることでさまざまな指標を作ることができます。データリテラシーが高い組織であるほど、洗練された先行指標を運用しています。

## 新たなデータを発見せよ

　ここまで結果指標依存のデータ活用の問題と、先行指標および結果指標の違い、そして先行指標のメリットについて理解できたと思います。しかし、ここまではまだ日本のデータリテラシーレベルの域を出ない話です。例に取り上げた「営業における見積もり数」や「野球の回ごとの得点」といった先行指標は当たり前にあるデータで、これではデータを新たに活用していく意味が見出せません。これらは決まりきった典型的な先行指標です。先行指標を用いて競合優位を生み出せるほどのデータリテラシーを持つには、もう一歩踏み込む必要があります。

　ここからは競合優位を獲得するために、先行指標をどう解釈すべきか説明していきます。

　ほぼ全ての営利企業が、経営を促進するための何かしらの指標を持っているはずです。あなたの企業にも存在すると思います。営業における見積もり件数やアポイント数などはその中でも基礎中の基礎だと思います。そしてこのような指標は、あなたの企業だけでなく競合他社も同じような指標を持っているということを心得ておきましょう。ほとんどの企業が自分たちの利益を最大化したり、他社より多くの顧客獲得を行うためのあらゆる施策を考えていますし、そのためにどのような指標を設定するのが効果的かということを考えています。そして類似した業務領域の企業同士では、その結果は同じようなものになります。

　しかし、他の企業が持っていないような優れた指標を持っていれば、あなたの事業は1つの優位性を持つことになります。この優位を取るための鍵は、データに対する考え方を磨くことです。その方法をこれから紹介します。この考え方を身につけておくことで、あなたのデータリテラシーは格段に飛躍するはずです。

　あなた自身の立場に置き換えて、考えながら読んでみてください。そしてこれから紹介する考え方を普段から習慣づけられるように意識づけ

てください。

**新しいデータを発見するためのステップ**

　競合他社がまだ見つけ出しておらず、あなたの企業が競合優位を獲得できるような価値のあるデータを生み出すためには、データに対する体系的な考え方を身につけ、それを磨き上げていく必要があります。新たなデータに価値を生み出していくための方法を大きく下記の3ステップに分けて解説していきます。

　　1．業務に対する「問い」を掘り下げる
　　2．「問い」を評価するためのデータを考える
　　3．どうすればデータが手に入るかを考える

では、新しいデータを生み出すための考え方を身につけていきましょう。

## 1．業務に対する「問い」を掘り下げる

　ここまで取り上げてきた先行指標という概念は、業務のプロセスを評価するための数値であると説明してきました。裏を返せば、データを用いることで業務をあらゆる切り口で評価することが可能になります。優位性のある指標を作るには

　　・業務を的確な切り口で見ること
　　・その切り口が他社にはない着眼点であること
　　・それがデータで評価できること

が重要です。

競合他社と同じような指標の設計で止まってしまっている最大の理由は「業務に対しての問いの掘り下げが、他社と同じようなレベルで終わってしまっている」ことにあります。まず、業務に対する問いは、業務においてどのような課題が存在しているかという仮説から生まれます。例えば「最近お客さんの数が減っているような気がする」「昆布のおにぎりだけよく余るなあ」といった考えが仮説で、「普段どれくらいのお客さんがきている？」「おにぎりの売れ行きはどうなっている？」などが問いです。そしてこの「問い」に答えてくれるのがデータです。競合に優位性を取れるデータを見つけるためには、まずは他社にはないものの見方で業務を考える必要があります。

　考えやすいように例を挙げましょう。あなたは架空のカフェ＆レストラン「Shibuya Place」を経営しているとします。このカフェは渋谷に位置し、観光客やビジネスマンの利用が目立ちます。またフードが人気で、バーガーとサラダ、ライスボウルの3つのカテゴリーのフードを提供しており、各カテゴリーにいくつかの固定メニューと1つの日替わりメニューが存在しています。ではこのカフェ＆レストラン（ここからは省略して「カフェ」で表すことにします）における利益を上げるために、問いを考えてみましょう。まず他の一般的なカフェでも思い浮かぶような定石の問いを挙げてみます。

**一般のレベルの「問い」**
- どんなメニューが好まれる？
- どんな人がリピートしてくれる？
- 天気によって売上はどう変わる？
- 一番店が混む時間帯は？

　このような問いから生まれる指標は「メニューごとの売上」であったり「年齢ごとのリピート率」「天気ごとの売上」「時間帯ごとの来店客数」

などでしょう。これらの指標で競合優位を獲得できるでしょうか？　少なくとも他に多くのカフェが存在するであろう渋谷で競合優位を獲得するのは難しそうです。それに、これらのデータで正しい意思決定ができるとも限りません。例として1つシナリオを挙げてみましょう。

　Shibuya Placeでは固定のバーガーメニューが2種類ありました。「Shibuyaバーガー」と「サーモンアボカドバーガー」です。しかし仕入れ価格の増加に伴い、固定メニューを1つに減らし、片方を日替わりメニューに追加することにしました。どちらを固定メニューに残すか、売上によって決めようとしたところ、どちらのメニューも同じくらいの売上でした。しかし「Shibuyaバーガー」はShibuya Placeの看板メニューです。ですから「Shibuyaバーガー」を残し、「サーモンアボカドバーガー」を日替わりメニューにするという意思決定をしました。

　すると不思議なことが起こります。徐々にカフェへの客足が遠のいていき、売上が下がっていったのです。これには下記のような背景がありました。

- 「Shibuyaバーガー」は新規客に人気で「サーモンアボカドバーガー」はリピート客に人気であった
- 新規客のほとんどは渋谷への観光客で、リピート客のほとんどはビジネスマンであった
- サーモンアボカドバーガーが注文しづらくなったことでリピート層の客足が遠のき、滞在時間の長いビジネスマンのドリンクの追加注文が減少した
- 感染症の流行により観光客が激減、それに伴い新規客が減少したことで、「Shibuyaバーガー」の売れ行きも悪化した

　この例では、「メニューごとの売上」という指標を用いて意思決定をしました。しかし、「メニューごとの売上」という指標では**メニューごとの**

**特性の違いを見るのに情報が足りなかった**ということが、間違った意思決定のトリガーを引いています。単一のデータから得られるインサイトはあまり多くありません。ですからこのような指標を用いることは、的確な意思決定や優位性のある意思決定がしづらい傾向にあります。単一のデータや単純な指標の背景には業務に対する大雑把な切り口しかないので、原因分析や具体的な改善アクションの策定に役立たないのです。

　では問いを深掘りしていきましょう。問いを深掘りする目的は、業務をあらゆる切り口で見つめられるようにすることです。できるだけ具体的で、実際の現場で抱く課題感に沿った問いを考えてみましょう。Shibuya Placeにおける理想的な問いの例を挙げてみます。

理想的な「問い」
　・新規顧客と継続利用客で切り分けた時、それぞれの人気のメニューは何か？
　・SNSや広告を経由して来ている客層は、継続的な利用をしているのか？
　・店内の改装やメニューの変更によって、顧客の行動はどのように変化するか？

　例えば1つ目の「新規顧客と継続利用客で切り分けた時、それぞれの人気のメニューは何か？」という問いは、単に人気のメニューについて考えるという切り口ではなく、新規顧客と継続利用客という属性情報で切り分けた上での人気メニューを探りたいというアイデアです。この観点があれば「サーモンアボカドバーガー」が特にリピート客に人気であることが分かり、メニューを変更する際の判断材料を増やすことができたかもしれませんね。まずはこのように問いを掘り下げ、業務をさまざまな切り口で見られるようにするところが、新しいデータを発見するためのスタート地点です。

## 理想的な問いを考えるために

業務に対する踏み込んだ問いを生み出すためのいくつかのコツを提案していきます。

### １．セグメントで考える

それぞれの商品、それぞれの顧客は異なる属性を持っています。見方によってあらゆるグループを考えることができます。例えば新規客と継続客、ビジネスマンと観光客、フードと飲み物などです。このグループごとの違いが売上の違いに影響するケースは多いです。セグメントごとの違いを軸に業務を考えることで、今まで持っていなかった観点で業務を考えることができるようになります。

### ２．時間軸で考える

時間を軸にした考え方も、業務をさまざまな切り口で見ることに繋がります。曜日・時間帯・シーズンごとの違いや、施策を行う前後の違いに対して注目してみると、気づいていなかった変化が見つかります。

### ３．競合と比べてみる

競合と比較して自社の何が優れているのか、あるいは何が劣っているのかについて考えてみることも、何かのヒントに繋がるはずです。例えば「競合よりもフードの売上の割合が高い」、「競合が行うプロモーション戦略が優れている」など競合との違いを軸に、その違いがなぜ生まれているのかを深掘りしていくと、新たな問いに辿り着けるはずです。

1つ注意点があります。あまりに問いを掘り下げすぎると、ケースが複雑化したり、ほとんど発生しない切り口になってしまい、業務の改善に繋がる問いにならないかもしれません。

浮かんだ問いは「業務課題に対する仮説」をもとに作ることが重要で

す。例えば「新規顧客と継続利用客で切り分けた時、それぞれの人気のメニューは何か？」という問いの背景には「新規顧客依存の経営になると、新規顧客を獲得し続けなければいけなくなり、業績が安定しなくなるリスクがあるのではないか」という仮説があり、「SNSや広告を経由して来ている客層は、継続的な利用をしているのか？」という問いには「宣伝に人件費や広告費がかかっている分、継続利用してもらえるほうが高いROIを見込めるのではないか」という仮説があります。

　問いを考えた際には、その問いが自分の問題意識と結びつくかを考えるようにしてください。

## ２．問いを「評価」するためのデータを考える

　競合他社は持っていないような掘り下げた問いを見つけられたと思ったら、今度はそれをデータで評価できるように考えていきましょう。問いに対する答えをデータで評価できるようにするためには、問いの「言い換え」が必要です。そのデータが存在するかどうかは、後で考えれば大丈夫です。まずは欲しいデータがある前提で言い換えを行っていきましょう。先ほど挙げた**新規顧客と継続利用客で切り分けた時、それぞれの人気のメニューは何か？**という問いの例を使って、どのように言い換えができそうか考えていきます。

● 「新規顧客と継続利用客で切り分ける」
　新規顧客と継続利用客をデータで判断するにはどのようにすれば良いでしょうか？「今までの来店回数」は1つの指標になりそうです。ですが、2年前に1回だけ来たことのあるお客さんを継続利用客と呼ぶかというと、それはお店によって分かれるかもしれません。ここでは継続利用客を「過去半年以内に1回以上の来店があった顧客」と定義し、そうでない顧客を新規顧客と定義することにします。

●「人気のメニューは何か？」

　次に人気のメニューですが、これは「売上」や「販売数」で評価ができそうですね。単純な人気を測るのであれば、ここは販売数を考慮するのが良いかもしれません。一方で問いの中に「売上を最大化したい」という意図があるのであれば、売上はその意図を反映した指標になるので使えそうです。今回は売上を用いて評価することにし、人気のメニューを探すために「メニューごとの売上」を見ることにします。

　ここまでのことから、この問いをデータで評価できるように言い換えるとこのようになります。

「新規顧客と継続利用客で切り分けた時、それぞれの人気のメニューは何か？」
→「過去半年以内の来店回数が0回の顧客と1回以上の顧客別の、メニューごとの売上は？」

　この言い換えによって、問いをデータで評価できるようになりました。例えばTableauなどのダッシュボードツールを用いてこのデータを可視化すれば、リピート客に人気なメニューや新規顧客にお勧めすべきメニューが見え、販売戦略に活かせそうですね。

**問いを言い換えるプロセス**

　先ほどのような問いの言い換えはこのようなプロセスに従って行うことができます。

1．問いの中にある要素を、評価できそうな単位で分解する
　まずは問いの中にある言葉の中にデータで表現できそうな言葉を見つけ、文章を分解していきましょう。ここで分解が難しい場合、複数の切

り口を持った問いを作れていない可能性が高いです。その場合は問いの設計から考え直してみましょう。
例：新規顧客と継続利用客で切り分けた時、それぞれの人気のメニューは何か？
　　→新規顧客と継続利用客で切り分ける
　　→人気のメニューは何か？

2．各要素を評価できそうなデータを考え、言語化する
　それぞれの要素をどのようなデータで測れそうか考えてみましょう。この時、候補が複数挙げられることもあると思います。その時は、問いの背景にある問題意識と最も関係の強いデータを選ぶようにしましょう。ここで、社内に存在していないデータも考えられるかもしれませんが「どんなデータが必要か」を考えられるようにしたいので、データが存在するかの考慮は後回しにして構いません。
例：人気のメニュー
　　→メニューごとの売上

3．各要素をまとめ上げ、データで評価できるように言い換える
　後はここまで作った言い換えの要素を組み合わせるだけです。ここまでくれば、あなたの「問い」はデータで評価できるようになっているはずです。
例：新規顧客と継続利用客で切り分けた時、それぞれの人気のメニューは何か？
　　→過去半年以内の来店回数が0回の顧客と1回以上の顧客別の、メニューごとの売上は？

　ではここからは簡単な演習として、他の例についても問いの言い換えを行ってみましょう。以下に紹介する例は先ほどShibuya Placeに対す

る掘り下げた2つの問いです。言い換えのステップを頭で体系的に整理しながら、問いの言い換えを行ってみてください。

例1：「SNSや広告を経由して来ている客層は、継続的な利用をしているのか？」
1. 問いの中にある要素を、評価できそうな単位で分解する
    - SNSや広告を経由してきている客層
    - 継続的な利用をしているのか
2. 各要素を評価できそうなデータを考え、言語化する
    - SNSや広告を経由してきているかどうか
        → 顧客別のお店を知ったきっかけ（アンケートデータ）、プロモーションコードの利用履歴
    - 継続的な利用をしているかどうか
        → 過去の来店回数
3. 各要素をまとめ上げ、データで評価できるように言い換える
    - 顧客別のお店を知ったきっかけと、過去の来店回数にはどのような相関があるのか？

　この問いは、SNSや広告での宣伝にかかるコストが割に合うものかどうかを考慮したことを背景に生まれた問いであると想像できます。SNSや広告を経由した客が継続的にShibuya Placeを利用してくれるようになれば、1回のコンバージョンに対して高いROIを見込めることになるので、SNSや広告に力を入れるべきという意思決定ができるようになります。ここでは2つの観点で問いを評価できるように考えました。
　1つ目の「SNSや広告を経由しているのかどうか」を評価するためのデータとしてまず挙げられるのは、顧客に対するアンケートデータです。よくお店のアンケートで「この店をどのようにして知りましたか？」という項目がありますが、そのデータを用いるということを考えています。

またプロモーションコードとは、SNSや広告などでよく用いられる「今このコードを使って店舗を利用すると1,000円引きで商品が買えます」といった宣伝を経由して用いられるコードを指しています。このようなコードを顧客が利用したかどうかを調べれば、広告の効果を把握することが可能になります。

　2つ目の「継続的な利用をしているかどうか」という観点はシンプルで、顧客ごとの利用回数や利用頻度で測れるかと思います。

　最終的な言い換えによって生まれた新たな問いは「顧客別のお店を知ったきっかけと、過去の来店回数にはどのような相関があるのか？」という問いです。この問いに答えられれば、SNSや広告を経由した顧客が継続的にお店を利用しているかどうかを調べることができます。プロモーションコードを用いる場合は「プロモーションコードを用いて初回来店した顧客それぞれの、過去の累計利用回数は？」などがいいと思われます。

　アンケートデータを用いる場合はアンケートに答えてくれた顧客のみに対してしか評価ができないので、アンケートの取り方やサンプル数などによってデータに偏りが生まれてしまう可能性があります。ただし、広告やSNSを経由したかどうかだけでなく、顧客ごとに何を経由して来店したのかを細かく知ることができるという利点もあります。

　対してプロモーションコードの利用履歴は広告やSNSを経由して来たかどうかのみを測ることができるデータになります。またこちらもアンケートデータ同様、データにバイアスが生まれていないかを考慮する必要があります。

　また、SNSや広告経由で継続利用しやすい顧客の他の属性（年齢、性別、地域など）を調べることで、どのターゲットに対しての宣伝を積極的に行うべきかもより明確になるため、単にそれぞれの顧客が広告経由かどうかを調べるだけでなく、その顧客がどのような顧客かまで明らかにしておくとさらに良いかもしれません。

例2:「店内の改装やメニューの変更によって、顧客の行動はどのように変化するか？」
1．問いの中にある要素を、評価できそうな単位で分解する
　　・店内の改装による顧客の変化
　　　　・店内の改装
　　　　・顧客の変化
　　・メニューの変更による顧客の変化
　　　　・メニューの変更
　　　　・顧客の変化
2．各要素を評価できそうなデータを考え、言語化する
　　・店内の改装による顧客の変化
　　　　・店内の改装
　　　　　→店内の改装履歴（変更時期、変更場所、コンセプト、インテリアの数等）
　　　　・顧客の変化
　　　　　（変更日前後での）顧客の滞在時間のヒートマップ、テーブルごとの利用時間、利用客層（年齢、性別、利用回数等）の変化、売上の変化
　　・メニューの変更による顧客の変化
　　　　・メニューの変更
　　　　　→変更前のメニューと変更後のメニュー、変更時期のデータ
　　　　・顧客の変化
　　　　　（変更日前後での）メニューごとの売上の変化、利用客層（年齢、性別、利用回数等）の変化
3．各要素をまとめ上げ、データで評価できるように言い換える
　　・店内デザインのコンセプトと顧客の滞在時間の相関は？
　　・店内の改装前後における利用客層ごとの売上の変化は？
　　・メニュー変更による利用回数ごとの顧客層の変化は？

この問いはそもそも「メニューの変化によって顧客が変わるかどうか」という視点と「店舗の内装の変化によって顧客が変わるかどうか」という視点の2つの軸を持った問いになっていたため少しトリッキーでした。ですが根本に、「顧客をさらに上手く呼び込むために店側は何を変えれば良いだろうか」というアイデアがあれば、自然に生まれてくる問いかと思います。

　ここでは改装による顧客変化とメニュー変更による顧客変化を別の軸で評価し、改装とメニューの変更に関するデータ、そしてそれぞれの変化に応じた顧客の変化を測定するためのデータについて考えました。改装やメニューの変更などはデータとして表しづらい要素かもしれませんが、複数の情報で評価できそうだと考えられます。

　1つ目の「店内デザインのコンセプトと顧客の滞在時間の相関は？」という問いに着目してみましょう。「集中できる空間」というコンセプトの内装から「おしゃれな空間」というコンセプトの内装にしたといったコンセプトの変化が改装の内容として考えられます。このような変化と顧客行動の変化の相関を考えることができれば、データ分析が成り立ちそうです。

　この問いでの顧客行動は「顧客の滞在時間」ですが、これもいくつかの方法で測ることができます。もし会計が食後に行われるのであれば、最初の注文時間と会計時間の差分で滞在時間を抽出することが可能ですし、センサーやカメラなどを用いて店内の滞在時間を計測することも可能そうです。

　この「店内デザインのコンセプトと顧客の滞在時間の相関は？」という問いからは、店内デザインのコンセプトがターゲットに影響していることを潜在的に意識しているという背景が感じられます。データによってこの問いが評価できるようになることで、どんなコンセプトが自分たちのターゲットにマッチしているかを検証することができます。

　問いの中身をデータで評価できそうな単位に分解したり、それぞれを

評価するためのデータを考えることはあまり簡単ではないかもしれません。これらの力は、あらゆるデータに触れ、どんなデータが存在するのか、どんな分析の仕方が可能なのかを知っていくことを通して磨かれていきます。あえてここまでで「そのデータが存在するかどうか」を考えていないのは、どんなデータが存在するのかを知らない状態でこれを考えても、必要なデータを自分で見つけ出していくというデータリテラシーの能力が育っていかないからです。ですからここまで来て初めて、データが存在するかどうかの検証をするステップに移っていきます。

### 【コラム】生成AIを用いた評価の質の向上

データを扱うことに慣れていない状態であると、自分の考えた「評価」の方法が適切なものかどうか判断しづらいかもしれません。特に
・自分の知らないデータが存在し、そのデータのほうが評価に適切だった
・選んだデータが問いを評価できるデータではなかった
・選んだデータが人為的に作られるデータで信頼性に問題があった
など、自分が見落としている観点が存在する可能性があります。業務に対する評価を行う上で用いるデータの選び方が、近視眼的なものになっていないか、MECE（漏れなくダブりなく）に考えられているかを確認するために、ChatGPTなどの生成AIに意見をブラッシュアップしてもらうことも有効です。今回のShibuya Placeでのデータ分析を例に、評価の方法についてフィードバックをもらうことにします。

《プロンプト》
●状況：
私は渋谷のとあるカフェ＆レストランのオーナーをしています。当店は渋谷という立地にあるため、観光客やビジネスマンの利用が多いお店です。
●仮説：
SNSと広告の運用を行っており、その費用対効果を考えたいと考えています。特に、SNS投稿や広告を見て来た顧客が一度しか店舗を利用しないのか、継続的な利用を行なってくれるのかによって費用対効果は大きく変わると考えており、継続的な利用客となる割合が多い場合はSNS運用により一層力を入れるべきなのではないかと考えています。
●要望：
「SNSや広告を経由して来ている客層は、継続的な利用をしているのか？」が分かるようにデータ分析を行うとしたら、どのようなデータを用いるのが適切か候補を考えてください。複数のデータを組み合わせる必要がある場合はその旨を教えてください。

《回答》
SNSや広告を通じて来店する顧客が継続的な利用者かどうかを把握するためのデータ分析には、以下のようなデータが必要になります。
１．SNSおよび広告キャンペーンデータ：
・キャンペーンごとの展開期間、内容、対象となったSNSプラットフォーム。
・各キャンペーンのリーチ数、エンゲージメント数（いいね、シェア、コメント数）、クリック数。
２．来店データ：
・各顧客の来店回数、来店日時。
・顧客がSNSや広告を経由して来店したかどうかを示す情報。例えば、特別なプロモーションコードの使用、SNS経由の予約、アンケートでの顧客自己申告など。
３．売上データ：
・顧客ごとの消費額、訪問ごとの詳細（注文したアイテム、訪問時間など）。
４．顧客フィードバックデータ：
・SNSや他のプラットフォーム上でのレビュー、評価。
・アンケートやフィードバックフォームを通じて得た顧客の意見や感想。

これらのデータを組み合わせることで、以下のような分析が可能になります：
・SNSや広告キャンペーンが特定の期間に来店数や売上にどのような影響を与えたかの分析。
・SNSや広告経由で来店した顧客のリピート率や平均消費額の算出。
・SNSや広告経由の顧客と直接来店した顧客の行動パターンの比較。

これらの分析を行うことで、SNSや広告の費用対効果をより詳細に理解し、マーケティング戦略の最適化に役立てることができます。データ収集や分析のプロセスを整備することが、効果的な戦略策定への第一歩になります。

本文中で実際に用いた「プロモーションコード」というデータが出て来ました。選択したデータとしてはある程度適切であったのではないかと考えることができます。一方で「SNS経由の予約」というデータは本文では触れていないデータでした。しかしオンラインプラットフォーム上でお店の予約ができるようにしている場合、このようなデータを活用することも確かに効果的であるかもしれません。特にSNS経由などで来る顧客の場合、事前に予定を決めて予約を入れることも十分に考えられるので、オンラインプラットフォーム上のデータを使うというのは良いアイデアですね。

　次は、自身で考えた評価方法に対してフィードバックをもらいます。ChatGPTなどの対話型AIでは、同じスレッド（会話）であればここまでの話の流れを引き継いでくれるので、そのまま下記のようなプロンプトを入力します。

《プロンプト》
「SNSや広告を経由して来ている客層は、継続的な利用をしているのか？」を調べるために私が考えた評価方法は「プロモーションコードを用いて初回来店した顧客それぞれの、過去の累計利用回数」です。

要望：
上記の評価方法に対して
1．評価方法の妥当性に対するフィードバック
2．この評価方法を適用することのリスクに対するフィードバック
3．この評価方法よりも適切なデータの提案
を行なってください

　上記の評価方法は、「プロモーションコードを用いて初回来店した顧客それぞれの、過去の累計利用回数」を調査するというものです。これに対するフィードバックは以下の通りです。

《回答》
1．評価方法の妥当性に対するフィードバック：
・この方法は特定のプロモーションコードを使用して初回来店した顧客の追跡には有効ですが、その顧客がSNSや広告を見て初めて来店したかどうかを正確に把握することは難しいかもしれません。例えば、顧客がプロモーションコードを知った経路がSNSや広告でない可能性もあります。
・累計利用回数を追跡することは顧客のロイヤルティを測定する一つの方法ですが、単回の来店だけでなく、長期的な顧客価値を評価するためには、利用頻度や平均消費額なども考慮する必要があります。
2．この評価方法を適用することのリスクに対するフィードバック：
・顧客がプロモーションコードを使用して初めて来店したという事実が、必ずしもSNSや広告経由であるとは限らないため、データの解釈には注意が必要です。
・プロモーションコードを使用した顧客だけを追跡することで、SNSや広告を見て来店したがプロモーションコードを使用しなかった顧客を見逃すリスクがあります。
3．この評価方法よりも適切なデータの提案：
・SNSや広告からの直接的な流入を追跡するために、より具体的な追跡方法（例えば、特定のリンク経由の予約や専用のランディングページからの問い合わせ）を設定することをお勧めします。
・顧客が初回来店時にどの広告やSNS投稿を見たかを記録するために、短いアンケートやフィードバックフォームを用意することが有効です。
・継続的な利用を測定するためには、顧客ごとの来店頻度や消費パターン、平均消費額、そして顧客満足度を含む複合的な指標を用いることが推奨されます。

総じて、評価方法はプロモーションコードの使用に頼るだけではなく、顧客の来店経路や行動パターンをより広く理解するための追加的な手段を取り入れることが重要です。

かなり的確なフィードバックをしてくれました。プロモーションコードを利用した顧客しか追跡できないというリスクは本文でも触れたことですが、それ以外にも触れている点があります。

例えば「この方法は特定のプロモーションコードを使用して初回来店した顧客の追跡には有効ですが、その顧客がSNSや広告を見て初めて来店したかどうかを正確に把握することは難しいかもしれません。」という内容からは、

・プロモーションコードはSNSや広告のみで共有されているコードであることを今一度確認すること
・プロモーションコードの利用者が何らかの他の方法でコードを手に入れているリスクを考慮すること

という観点を分析者が持つ必要があることが分かります。

また、「長期的な顧客価値を評価するためには、利用頻度や平均消費額なども考慮する必要があります。」、「より具体的な追跡方法（例えば、特定のリンク経由の予約や専用のランディングページからの問い合わせ）を設定することをお勧めします。」など、他の切り口で分析を行うことも可能であることを示唆してくれています。このように、生成AIは第三者的な視点でフィードバックをくれるので、1人で評価方法を考えるよりも広い視野を持ってデータを考えることが可能になります。

## 3．どうすればデータが手に入るかを考える

ここまでで問いに必要なデータを挙げて来ましたが、「掘り下げた問い」の評価には複数のデータを用いた評価が必要であるということが分

かって来たと思います。

　新しいデータを見つける目的についておさらいすると、「競合他社が発見していないような新たなデータを発見すること」でした。そこで重要なのが複数のデータの組み合わせなのです。これは経営学で言うところの「シュンペーターのイノベーション論」で取り上げられる「新結合」という考え方と同じです。

　イノベーションとは新しい"発想"から生まれるものであると考えられがちですが、本当は何かしらの概念を結びつけた"着想"から生まれるものであるというのがシュンペーターのイノベーション論の考え方です。これはデータの世界にも言えて、データの価値も組み合わせによって発揮されます。データの価値を最大限に引き出すエッセンスはデータの新結合なのです。

　ここまでの「問いを作り、問いを評価するためのデータを考える」というプロセスで、すでにデータを結びつけるための準備ができています。ここからはそのデータがどこに存在するのかを考えなければいけません。

　何かしらの課題解決のためにデータを使いたいという状況は、下記の4つのパターンに分けられます。

　　①必要なデータが何か認識していて、手に入る状態である
　　②必要なデータが何か認識していて、手に入るかは分からない
　　③必要なデータが何か認識していないが、手に入る状態である
　　④必要なデータが何か認識しておらず、手に入るかも分からない

　この中には「どんなデータが必要か分かっているかどうか」という軸と「データがそもそも手に入るものなのかどうか」という軸が含まれています。

　例えば新規顧客とリピート客を判別するためのデータとして「顧客ごとの来店回数」というデータが思いついたのであればあなたはそのデー

タを認識していることになります。もし新規顧客とリピート客を判別するためのデータが思い浮かばないのであれば、あなたはそのデータを認識していないことになります。そして「顧客ごとの来店回数」というデータが社内にある、またはオープンデータとして存在するのであればそのデータは手に入るものになります。

　問いの言い換えによって必要だと分かったデータは、すでにあなたが言語化したデータであるため「認識している」データです。使うべきデータを認識していることは、課題に対してどんなデータを用いるべきかを理解していることになります。これはデータを活用する上での前提になります。問いをデータで評価できるように言い換えができたら、次はそのデータがこれらのどのデータに当てはまるか考え、必要な対応をしていきましょう。

① **必要なデータが何か認識していて、手に入る状態である**

　この場合、必要なデータが何か分かっていて、それがちゃんと手に入る状態にあることも分かっているので、基本的にはそのデータを目的に合わせて活用するだけです。ですが、注意点もあります。まずデータが持ち出せる状態にあるかどうかという点です。まず、あなたが必要としているデータが社内のシステム上に存在する場合、それはアクセスできるデータでしょうか？　設計上の問題や権限上の問題でアクセスが不可能である可能性があります。

　次に、そのデータは質の担保されたデータでしょうか？　データの集め方次第では不正確なデータになってしまっており、活用しても正しい結果が得られなかったり、そもそもデータの形が汚すぎてデータを利用できる状態にないという問題が起きることあれば、データが古すぎて使い物にならないということもあります。

　また、社内のシステム上にあるデータだけでなく、第三者が集めたデータの中にあなたが必要としているデータがあるという場合もあります。

例えばあなたが飲料品の価格戦略を練るために、他社の製品についての分析をしたいとします。その場合、あなたは他社が提供している飲み物の製品ごとの値段や、期間ごとの変化、あるいはコンビニやスーパー、自動販売機など、チャネルごとの販売価格の違いといった情報と、自社の製品の価格を比較する必要があります。この場合、小売製品の価格データを収集し、提供している企業からデータを購入する必要があります。そうなると、データの利用に費用がかかります。また、第三者が収集したデータを自社で分析することになるため、他社の手法に則って作成されたデータを、自社で分析しやすいように加工する必要があるなど、作業の工数がかかる場合があるため注意が必要です。

② 必要なデータが何か認識していて、手に入るかは分からない

　「こんなデータがあったら、こう改善できるのに」というアイデアがある場合、あなたが置かれている状況は2パターンあります。1つ目は「本当はデータが存在するのに、どこにあるか知らないパターン」、2つ目は「そもそもデータ自体が存在しないパターン」です。

　あなたが必要としているデータが存在しているのかどうか分からない場合は、まず「本当はどこかに存在している」という仮定のもとデータを探してみるのが良いでしょう。そのプロセスがあなたのデータリテラシー向上に大きく役立つからです。

　まずあなたが持っている「こんなデータがあったら、こう改善できるのに」というアイデアを、社内のデータの専門家や、システムの管理者などの、社内にあるデータに詳しそうな人に聞いてみましょう。もしかしたら「それならこのデータがありますよ」という返答をもらえるかもしれません。あるいは「それがやりたいなら、こちらのデータを使ってみるのはどうでしょうか」とか、「そのデータはありませんが、こういうデータはあります」「データはありますが、しばらく更新していないので古い情報しかありません」などの意見をもらえることもあるかもしれま

せん。この場合、あなたのやりたいことがすぐさま実現できるかは分からないですが、あなたのデータリテラシーの大きな成長機会になります。

　データについて理解し、必要なデータが判断でき、データを持ってこられるようになる能力はデータリテラシーにおいて重要なスキルです。あなたが必要なデータについて提案し、そのデータがどこにあるかを知ること自体があなたのデータリテラシーを向上させますし、どんな目的でそのデータを使いたいのかを周囲にも共有することで、データを扱う文化も広がっていくため、組織のデータリテラシー向上も期待できます。

　では必要なデータが手に入るか調べてみた結果、それが存在しないデータであることが分かったらどうするか。

　「データを作る」ところから始めましょう。

　例えば先ほどのShibuya Placeの例で「店内デザインのコンセプトと顧客の滞在時間の相関は？」という問いを作りました。この中でもし、「顧客の滞在時間を計るためのデータ」がない場合、そのデータを新しく収集するというアプローチがあります。アプローチ方法の例として、テーブルのメニューをデジタル端末で管理するようにし、注文を開始した時間から支払いをするまでの時間を計測できるようにするなどの方法が考えられます。

　データがないならば作ればいいというアプローチには、かなり高度なデータリテラシーが求められます。なぜなら、収集するデータの設計から収集方法の策定、そして実施までのプロセスを考えられるようにしないといけないからです。またデータを集めてから分析できるようになるまでには一定の時間がかかりますし、コストもかかります。

　しかし一方で、これらのデータは質の高いデータでもあります。社内の多くのデータがやみくもに集められたログデータなどであるのに対して、これらの収集データは初めから特定の目的に基づいた「分析することを前提としたデータ」であるからです。ですから、特定の目的に対しては大きな効果を期待することができるため、データを作るというアプ

ローチは適切なデータリテラシーを持った組織であれば非常に有効なアプローチになります。

③④ 必要なデータが何かを認識していない
　データを課題解決に使いたい時に、必要なデータが何かを認識していないというケースには大きく分けて2つのパターンがあります。

　　1．課題を認識しているが、それを評価できるデータが見つからないパターン
　　2．データを使って何かできないかというデータ主体のアプローチであるパターン

　1つ目は必要なデータを言語化できていないパターンで、2つ目は課題自体を言語化できていないパターンになります。どちらの状況に陥っても、データリテラシーを高める上での伸び代があるといえます。
　それぞれの場面でどんな考え方を持つべきか説明します。
　データを言語化できていない場合は、その課題を上手く評価できるデータを探す必要があります。データを探すというプロセスを通して、データに対する考え方は磨かれていきます。どんなデータが社内に存在するのか。あるいはオープンデータとして公開されていたり、他の企業が提供しているデータにはどのようなものがあるのか、といったプロセスを通じて、今後データについて考える上での選択肢が大きく広げられます。また、課題自体をデータサイエンティストなどのデータの専門家に相談することで、社内の課題が共有され、データを使ったソリューションを構築する動きが活性化します。これによって、データを用いた意思決定や業務改善が尊重されるようになり、データドリブンが加速することが期待できます。
　2つ目のデータを使って何かできないかというパターンは、データ活用

自体に必要性を感じている組織がよく陥る状況になります。このようなデータ主体のアプローチには注意が必要です。なぜならここまで解説したことからも分かるように、データは課題を解決するための手段やツールに過ぎないからです。データ自体を使って何かをしようというアプローチは、目的と手段が入れ替わっています。あくまで課題や目的をベースにしたデータ活用を行うという考え方を持つようにしてください。

一方で、与えられたデータから何かに活用できそうだと感じた時に、何かしらの課題が背景に存在しているということも考えられます。その場合はデータの裏にある潜在的な課題を、言語化プロセスを通して顕在化し、データプロジェクトを行うことが重要です。

データ主体のアプローチを行うことの危険性はいくつか挙げられますが、よくあるのは「当たり前の結果しか得られない」というパターンです。

例えば、データを細かく分析した結果「雨の日は売上が下がる」という結論に辿り着いたものの、そんなことは現場では当たり前のように知られているといったような現象です。このような状況は、データ主体のデータ分析において頻繁に発生するので注意が必要です。他にも、データ主体でプロジェクトを進めたが、途中から目的を見失って頓挫してしまったり、後から目的を再確認した結果持っているデータでは情報が足りなかったりなど、データ主体のアプローチにはさまざまなリスクが考えられるため、データ活用に躍起になっていることでデータ主体のデータ活用に陥っていないかは注意しましょう。

**新たなデータを作ることのメリット**

ここまでで「新しいデータを作る」というプロセスを通して、あなたに必要なデータに対する考え方の基礎を築いてきました。新しいデータを作るというアクションが与えるメリットは、あなた自身にも、組織に対しても大きいです。新しいデータを作っていくことのメリットを挙げ、

第一部　データリテラシーの理解と向上 | 57

ここまでのプロセスの中にあるエッセンスを理解していきましょう。

新たなデータを作ることのメリット
・事業の優位性の確保
・個人のデータリテラシー向上
・(組織のデータリテラシー向上を通じた) データドリブンの促進

このうち「事業の優位性の確保」というメリットは冒頭で触れましたので、残りの2つについてここでは触れていきます。

個人のデータリテラシー向上
あなたがデータに対する正しい解釈を持ち、必要なデータを取捨選択して用いられるようになることが、あなたのデータリテラシー向上に繋がります。この章で紹介してきた「新しいデータを作る」ためのステップの中には、そのようなデータリテラシー向上のためのエッセンスが散りばめられています。あなたがこの考え方を実践していく中で特に意識しておいてほしいことは下記です。

・課題をデータで解決するという意識を持つこと
・必要なデータを言語化すること
・必要なデータを手に入れる方法を知ること

データリテラシーはデータをビジネスの文脈に沿って理解し、適切な方法で取得・利用でき、その価値を説明できる力です。その根本を作るのはビジネスの課題に対する深い理解であり、正しいデータの扱い方は課題主体のアプローチから始まります。その上、課題に基づいて必要なデータを言語化することでデータへの理解が深まり、価値を説明できるようになります。そして、そのデータを実際に手に入れ、新しいデータ

を作り出すことであなたは適切な形でデータを取得・利用できるようになります。新しいデータを作り、周囲と差別化を図ることは一種、データリテラシーの発展系かもしれませんが、そのプロセスにはデータリテラシーの根幹となるスキルが必要とされるのです。これらのことを重視することで、あなたのデータリテラシーは構築され、磨かれていきます。

## データドリブンの促進

　1章でも説明しましたが、ビジネスパーソンがデータリテラシーを獲得することは、データドリブンな組織、つまり「データを起点にしたアクションを取れる状態」の組織を構築する上でも重要です。

　なぜビジネスパーソンがデータリテラシーを持つことを私が重要視していたか、覚えているでしょうか。改めて簡単に説明すると、業務に直接触れる立場にある意思決定者や現場の社員の方が業務に対する課題を直接肌で感じており、業務の改善に繋がるデータが何かを判断しやすいということ。そして彼らがデータを扱うことで組織全体がデータ文化を尊重してアクションを取れるようになり、データの価値を引き出しやすくなることでした。

　ビジネスパーソンが新しいデータを作るという取り組みを主体的に行うことで、事業を促進するために解決すべき課題や、そのために必要なデータが何かチームに共有され、新たなデータに触れる文化が構築されていきます。それにより、組織はよりデータ文化に柔軟になっていくことが期待できます。

　新たなデータを作り、それを運用するというサイクルを生むことで、その組織に関わるあらゆるメンバーのデータリテラシーの向上に繋がる上、データ活用の横展開を通して企業全体でのデータドリブンを実現するというシナリオを描けるようにもなります。

# 4章　組織のデータリテラシー向上

　3章では主に、個々のデータリテラシーを向上させることに着目し、その考え方を解説しました。しかしデータリテラシーは組織単位で高めることで、大きな威力を発揮するものです。個々がデータに対する正しい解釈をして、新たなデータを利用したり、収集しようとしても、その環境が整っていなければデータの価値を事業に活かすことができません。

　この章ではデータリテラシーを向上させるために組織にとって重要な3つの要素について紹介し、一般的な組織がデータにおいてどのような課題を抱えているのかを説明していきます。

## 組織のデータリテラシーを構成する要素

　個々が高いデータリテラシーを持っていても、それを活かせる環境がなければデータリテラシーの高い組織を作ることはできません。組織のデータリテラシーを構成する要素を3つ紹介します。

１．データアクセシビリティ

　データアクセシビリティとは「データへのアクセスのしやすさ」を指します。データがバラバラになっていたり、古い情報や新しい情報が混在していて、どれが正しいデータか分からない状態になっていると、データを使う際に多くの確認作業が発生してしまいます。

　組織には、必要な時に適切なデータにアクセスできる環境が必要です。いざデータを活用しようと思っても、データを参照する前に必要な作業が多くなってしまうとストレスを与えてしまい、データ活用を進める上での大きな障壁になってしまいます。データアクセシビリティを高める

ためには、データの管理方法を工夫することが重要です。

## 2．双方向的なデータ組織の構築

　組織がデータの価値をより引き出せるようになるためには、データ分析に長けた人材を入れるだけでは足りません。実際に意思決定を行ったり、アクションを取るようなビジネスサイドこそ、データリテラシーを高め、ビジネスのドメイン知識をデータ活用に活かしていく必要があります。

　既存のデータ活用の組織体制は、データスペシャリストに依存した一方的な構造になっています。対して、現場担当者や意思決定者がデータスペシャリストを交えて双方向的なコミュニケーションを取れるようにすることで、データを軸にしたビジネスを促進できるようにすることが、これからのデータ爆発時代を生き残るために不可欠です。そのためにはビジネスサイドのデータリテラシーを高め、データを重視する文化を育成することが必要です。

## 3．データカルチャーの育成

　データプロジェクトを行う際には、上層部の理解を得ており、データを活用することへのモチベーションをチームで共有することが重要です。また、データに対する意識を企業全体で高め、データドリブンな組織を実現していくためには、データ活用プロジェクトを幅広く取り行えるようにする必要があります。

　データカルチャーが浸透した組織では、データを軸にした意思決定が尊重され、データ活用を促進していこうという気質があります。より多くの社員がデータの価値を考えるようになり、データを活用しやすい環境を作るために、データカルチャーを育成していくことが必要です。

## 組織のデータリテラシーにおける現状

　ここからは企業がデータドリブンを目指す上でよく抱える以下の3つの問題に着目し、どのような解決策があるのかを提示することで、前述の「組織のデータリテラシーを構成する要素」を育てていく方法を提案します。

　　1．データの管理が上手くできていない
　　2．データ分析を組織的に行うための環境基盤が作れていない
　　3．データプロジェクトを広げられない

　1つ目の「データの管理が上手くできていない」問題は組織ないし企業単位での、データの管理の仕方の問題です。これについて知ることで、今あなたが自社のデータを利用したいと思った時に、あなたの企業のデータ管理の方法はどこに問題があるのかを判断できるようになるはずです。さらに、この問題を解決するためにどのようなソリューションが存在するかも紹介していきます。

　2つ目の「データ分析を組織的に行うための環境基盤が作れていない」問題は、一部の人間だけがデータリテラシーを持っているばかりで、データの価値を引き出しきれていないという問題です。データリテラシーを持たないことでどのような問題があるかを具体的に知ることで、組織全体のデータリテラシー向上を図ることができます。

　3つ目の「データプロジェクトを広げられない」問題は、データを活用したいと思っていても成功に繋がらなかったり、成功事例が生まれてもデータプロジェクトを横展開できないという問題です。これにはいくつかの問題のパターンを知ることで、準備をすることが可能です。また、データプロジェクトを成功させるために、すでに企業が行なっている取り組みについても取り上げることで、データプロジェクトを広げるため

のヒントを提案していきます。

## データの管理が上手くできていない問題

　データリテラシーは「データをビジネスの文脈に沿って理解し、適切な方法で取得・利用でき、その価値を説明できる力」です。これを組織で実現するために重要視すべきことの1つに「データアクセシビリティ」という概念があります。

　3章で取り上げた新しいデータを作るというステップを踏んで、あなたにとって必要なデータが明らかになった時、もしそのデータを取得するのに高度な技術に対する理解が必要で、コードなどを書くなどの工程が必要だと言われたらどうでしょうか。かなりモチベーションが下がると思います。仮に頑張ればデータを取り出せるとしても、時間がかかりますよね。これはデータを活用する上で大きなボトルネックになります。

　データアクセシビリティとは、データを活用したい時に、いかに求めるデータにアクセスしやすいか、そのデータが扱いやすい形で保存されているかを指します。組織のデータリテラシーを高めるのに重要なのがこのデータアクセシビリティです。

　しかし、現状はどうでしょうか。データの在処がブラックボックス化されていたり、データが分散してどこにあるのかよく分からないといった問題が至るところで起きています。データアクセシビリティを向上するには、この問題を知り、解決方法を見出していく必要があります。

### データはどこにある？

　2章でも触れましたが、現在の日本のデータリテラシーでは

- リアルタイム性の高いデータを扱えていない
- さまざまなデータを組み合わせた分析を実現できない

という問題がありました。そしてこの問題の根底にあるのが、データの管理の問題です。

　まず、基本的な社内のシステムのデータは基幹系システムと呼ばれるシステムによって管理されています。これはいわゆる「社内データベース」で管理されているデータとして解釈してもらって構いません。

　一方で、企業にとって重要なデータが保存されている場所はもう1つあります。それはクラウドプラットフォーム上です。プラットフォームの例にGoogleを挙げましょう。Webサイト上で何かを販売しているなど、Web上で顧客の動向を分析したい際にはGoogle Analyticsなどのツールを用いると思います。例えばこのGoogle Analytics上で分析できる顧客の動向のデータは自社のサービスに関するデータですが、このデータが管理されているのはGoogleが管理しているデータベースの中になります。

　少しイメージしづらいという方は、クラウド上で管理されているデータだと解釈してもらえば、何となくイメージが湧くかと思います。Google Analytics以外にも、あらゆるクラウドサービスのデータは各サービス提供者が管理するデータベース内に存在しています。クラウド上にあるデータは、サービスごとに点在しているのです。

### 社内データベースの問題

　企業のデータがどのように存在しているかについてある程度理解したところで「データの管理における問題はどこにあるのか」ということを説明していきます。

　まず後者に述べた各クラウドプラットフォーム上で管理されているデータですが、これは各プラットフォームの提供者が提供しているAPIというものを利用することで引っ張ってくることができます。APIについて詳しく説明すると、逆に難しくなってしまうので簡単に説明します。各プラットフォームの提供者は、プラットフォームから引っ張って来られるデータを事前に定義して、APIを用いて利用者が呼び出せるようにし

ています。例えばGoogle Analyticsであれば、Webサイトの閲覧数やサイトでの滞在時間、何を経由してそのサイトに辿り着いたのか（検索か、FacebookやInstagramから来たのか等）などの値を、Webサイトの運営者が呼び出せるようになっています。それも好きなタイミング、好きな形式で呼び出すことが可能です。これによってクラウドプラットフォーム上のデータを分析する際には、リアルタイム性を確保し、さまざまなデータを組み合わせた柔軟な分析を行うことが可能になります。

では、データ管理における問題はどこにあるのでしょうか。察しがついていると思いますが、それは基幹系システムです。基幹系システムはいわゆる社内データベースであると説明しました。この社内データベースの問題は、システムの管理が難しいという点にあります。

まず前提として、社内の基幹系システムは外部の大手ITベンダーなどが設計、組み込みを行っていることが大多数です。そのため、データ分析環境の改善のために、このデータベースの仕組み自体を改善しようとすると、コストがかかることになります。データ基盤をああでもないこうでもないと試行錯誤しながら継続的に改善する場合、データベースをごちゃごちゃいじり回すのは大きなコストがかかってしまうため、現実的ではありません。さらに、改善しようとしても手遅れというほどに複雑化してしまっているシステムがあるのも現実です。そしてデータベースにどんなデータを入れるのか、帳票にどのようなデータを載せるのか、その最終的な設計もベンダーがしています。もちろん、設計の際には要件を定義した自社の担当者もいると思いますが、今ではその中身がブラックボックス化してしまっているということはよくある話です。

帳票データも同じです。どれだけの頻度で帳票を作成するのか、何のデータを表示するのか、なぜそのデータを吐き出すのか。それはベンダーと担当者が協議して決まったことであり、その背景にあるロジックが分からないまま、帳票に与えられたデータが全てだと思い込んでしまっている人が多いのです。前提が少し長くなってしまいましたが、1つ目の

第一部　データリテラシーの理解と向上

問題はここにあります。

　この基幹システムの特性上、データベースの中身はブラックボックス化しがちで、ビジネスパーソンにとっては帳票データだけが頼りの綱です。しかしこの帳票データが月次のデータでは、与えられるのは先月のデータです。帳票を設計した時は月次で良かったとしても、当時よりマーケットの動きは速くなっているかもしれません。その場合、帳票は使い物にならなくなってしまいます。これが「リアルタイム性の欠如」の全貌です。

　そしてこの帳票、なぜそのデータを吐き出すようにしたのか？　そのロジックが不明確である場合はリスクが高いです。なぜならこれも、帳票に入れる指標を設計した当初と現在では、見るべき数値が異なっている可能性があるからです。

　データが豊富にある今では見られるデータももっとあるはずなのに、いまだにデータを見る視野の広さが過去と同じになっている。そのような現象が起きています。

　一方で、データベース内で管理されているデータがブラックボックスで、中身を変えたり、新しい帳票を定義するにも大きな工数がかかってしまいます。結果的に、新たなデータの活用を諦めさせ、「データを組み合わせた分析ができていない」という問題を引き起こしています。

### システム構造の「がん」

　しかし、データの組み合わせができないという問題に関してはこれだけが全貌ではありません。先ほど述べたのは、1つの基幹系システムの中身がブラックボックス化してしまっているという問題でした。

　これに加えてもう1つの問題として挙げられるのが、部門等によって用いているシステムが異なるというケースです。例えば営業部門ではA社の基幹系システムを利用しているのに、調達部門ではB社のシステムを用い、経理部門ではC社のシステムを用いているという現象が起きます。

そしてこの現象により、データベース内のテーブル定義がバラバラになります。「テーブル定義がバラバラ」とはどういうことかということについてもう少し分かりやすく説明すると、顧客のIDをA社のシステムでは0001、0002、0003……と定義しているのに、B社のシステムでは1、2、3……と、C社のシステムでは1001、1002、1003……と定義されているといった具体です。実際はこれほど僅少な違いでは済まないため、別々のデータを紐付けるのがほぼ不可能になります。

　ではなぜこんな現象が起きてしまうのでしょうか。もちろんケースバイケースで各社さまざまな問題を抱えているわけですが、よくあるのはM&Aです。買収を行ったため、つまり元々は別の企業であったために、そもそも使っているシステムが違った。同じ会社になったもののシステム自体が変わるわけではないため、社内に異なるベンダーによって構築されたシステムが混在するようになってしまったという流れでこのような現象が起きます。

　別々のシステムで管理されたデータによって、システム間のデータを紐づけられなくなってしまう。これが「データを組み合わせた分析ができない」もう1つの背景です。

　各部署の担当者は単一のシステムで分析できればいいかもしれませんが、社全体を見渡し横断的な分析を行う際には、かなり絶望的です。では、横断的な分析をする際にはこの全容の分からないデータ溜まりをかき分けて組み合わせていかなければならないかというと、そういうわけではありません。しっかり解決策が用意されています。

　代表的なのがERP（Enterprise Resources Planning）システムと呼ばれるシステムです。これも簡単に説明するとERPとは、先ほど例で挙げた営業や調達、経理に加え、物流や生産など、企業の基幹系システムで管理されるようなデータを一元管理してくれるというシステムになります。これにより、システムごとにバラバラの定義でデータが管理され、データを横断的に統合・分析できないという問題が解決されます。ERP

システムの有名どころはSAPです。そう聞いて少し馴染みのあるものだと感じた人もいるのではないでしょうか。そうでない人も心配しなくて大丈夫です、これからはSAPやERPシステムと聞いたら「基幹系のシステムを一元管理できるあれね」と思ってもらえればと思います。

### 社内システムとクラウドプラットフォームの壁

さて、ここで最初に頑張って説明したクラウドシステムの話が活きてきます。考えてみてください。「現代において基幹系システムのデータを統合できれば、データの価値を最大限引き出すのには十分か？」。反射的に「いいえ」と答えたくなります。答えは「いいえ」で合っています。

基幹系システムを統合して、その中のデータを組み合わせたデータを分析できても、まだまだデータはたくさんあるのです。しかもクラウド上に。ERPを持ってしても、基幹系のデータとクラウドプラットフォームのデータは組み合わせられません。これらのデータを組み合わせられない問題がどのように生じるかもう少し解像度を上げられるようにしましょう。

例えばあなたが有名なホテルを運営する会社のマーケターであるとします。ホテルには公式のHPがあり、そこから予約が可能です。予約が行われると、社内のデータベース（基幹系システムのデータベース）に顧客の情報が登録され、現場の社員に通知されるようになっています。

基幹系システムには顧客のIDと利用人数、料金や利用日時などが記録され、チェックアウト時にアンケートに答えてもらえると、満足度も記録されるようになっています。

そのホテルで、夏の集客を大々的に行うために、夏限定のイベントをプロモーションすることになりました。マーケターのあなたの仕事は、インターネット上でWeb広告を出し、ホテルの夏限定イベントを宣伝することです。

広告はFacebook広告やInstagram広告、Google広告、YouTube広告を

出すことにしました。Facebook広告とInstagram広告はMetaのプラットフォームによって管理されており、Google広告とYouTube広告はGoogleのプラットフォームで管理されています。

　あなたが広告の運用を進めていく中で、ある問題にぶつかります。それは、正しい広告効果が分からないという問題です。広告プラットフォーム上で、広告から流入したお客さんの数（CV数）は見られますが、正確でないことがあります。そのため、実際に訪れたお客さんが何経由できたのかが分からず、広告の正しいROIが分からなかったり、広告の最適化を行うための情報が足りないなどの問題が起きます。また、来年以降も似たようなイベントを行う際に、システム上に蓄積された過去のお客さんの満足度を見ても、その人が何を経由してホテルを利用してくれたのかが分からず、宣伝に役立てられないということも起きます。

　このように、データ分析を進めていく中で基幹系のシステムにあるデータとクラウドプラットフォーム上にあるデータを統合する必要が出てくることが多く、一方でデータ分析における大きな壁になっています。

## 社内データとクラウドデータを統合するためのアプローチ

　クラウドプラットフォーム上のデータと基幹系システムのデータを統合するソリューションも、世の中には多く存在します。ここでは、中小規模の方法から大規模な方法、最先端の方法の3種類を紹介しようと思います。ここからしばらく話がテクノロジーに寄っていきますが、極力簡単に説明するので頑張ってついてきてください。下記がその3つです。

1. ETLツール
2. データウェアハウス
3. データメッシュ

## ETLツール
### ETLとは

- Extract（抽出）
- Transform（変換）
- Load（読み込み）

の略です。ETLについて簡単に説明すると「ある場所からデータを引っ張ってきて（抽出）、好きな形に加工して（変換）、別のデータベース等の場所に持っていく（読み込み）」というツールです。ASTERIA Warp、torocco、Talendなどのツールが有名どころです。

　例えばETLツールを用いることで、自社のSAP（基幹系システム）に入っているデータとSalesforce（営業管理のクラウドサービス）のデータを統合・加工し、1つのデータベースやダッシュボードツール等に持っていくことが可能です。

　ETL単体でデータ分析環境を作る場合、ETLで抽出・加工したデータをTableauなどのダッシュボードツールに持っていくというイメージです。

　逆にETL単体でない場合は、次に紹介するデータウェアハウスなどを併用します。ETLツールを用いることで、さまざまなデータの在りどころ（データソースと呼びます）からデータを一箇所に統合することが可能になります。また、データを更新するタイミングも設定できるため、リアルタイムでのデータ分析が可能になります。

　大規模なデータを分析する際は相応のデータベースなどの基盤を用意する必要があるため、ETL単体での利用は中小規模のプロジェクトで行うのが一般的です。

## データウェアハウス

　データウェアハウスを翻訳すると「データの倉庫」です。倉庫と聞くとどんなイメージが思い浮かびますか？　荷物が無造作に置かれてぐちゃぐちゃになっている空間というより、荷物が整理されていて出し入れしやすいようなイメージがあるのではないでしょうか。データウェアハウスはそのイメージに近いです。データウェアハウスはその企業が持っているデータを全て格納し、誰でも使いやすいように整理したデータベースです。有名どころだと、Google BigQueryやSnowflakeがあります。

　データウェアハウスはビッグデータの重要性が謳われるようになるに伴って重視されてきました。データリテラシーの高い組織にはしばしば、データウェアハウスを用いたデータ基盤が構築されています。データウェアハウスを用いたデータ基盤で一般的なのは「データレイク」「データウェアハウス」「データマート」で構成された基盤です。

- データレイク：全てのデータを一箇所に集めた場所（データの中身はそのまま）
- データウェアハウス：全てのデータを集め、整理した場所
- データマート：データウェアハウスにあるデータを目的別に整理し、分けたもの

　先ほど紹介したETLをデータレイクやデータウェアハウスを構築するために利用したり、データウェアハウスやデータマートから分析ツールに持っていくために活用することも可能です。

　先ほどのETLツールを利用した分析環境は、特定のデータソースにスポットを当てて分析を行おうという考え方でした。

　それに対してデータウェアハウスの考え方は、まず企業のあらゆるデータを全て統合し、目的ごとにデータを利用できるようにしようというアプローチになっています。データウェアハウスを用いたデータ基盤があ

れば、部署横断的なデータ分析やビッグデータの分析が可能になり、大規模なデータプロジェクトを実行することが可能になります。さらに、このようなデータ基盤を携えた企業では、あらゆる人がデータに触れることできるようになります。データにアクセスしやすく、いつでも活用できる形で整理されているため、データ活用を促進できますし、組織的なデータリテラシー向上にも大きく役立ちます。

データメッシュ

　テクノロジーの未来を見据えておくことも、データリテラシーにおいて重要です。最先端のデータ基盤として注目されているテクノロジーをここでは紹介します、それがデータメッシュです。

　データメッシュについて調べると、分散型のデータアーキテクチャがどうのこうのといった説明や、マイクロサービスのようなアーキテクチャがどうのといった説明をよく目にしますが、難解ですね。ここまで説明してきたことを用いてデータメッシュの根底にある考え方を簡単に説明すると「クラウドプラットフォームのデータと同様に基幹系システムのデータもAPIを用いて呼び出せるようにしよう」という考え方です。

　簡単におさらいをします。Google Analyticsなどのクラウドプラットフォーム上にデータが管理されているサービスは、プラットフォーム提供者が提供するAPIを用いて、データを引っ張ってくることが可能でした。しかし、基幹系システムはデータベースに直接アクセスをする必要があり、システムごとに設計がバラバラであるため、中身がブラックボックス化しています。

　データメッシュの考え方は、この基幹系システムのデータベースにもAPIを組み込み、必要なデータにアクセスできるようにしようというものです。APIでデータを呼び出すということについてもう少し分かりやすくなるよう説明しましょう。APIではどんなデータを取り出せるかが事前に定義され、どんな名前を指定すればそのデータが取り出せるかも決まっ

ています。例えば"customer_id"という名前を指定すれば顧客のIDを取り出せるといった具合に、事前にデータの呼び出し方が定められているのです。これを基幹系システムにも導入するとどうなるでしょうか。例えば、本来データベースから直接顧客IDを呼び出す際は、システムによってデータのカラム名が"customer_id"、"id_customer"、"customerid"など、バラバラになっていることがあり、いちいちデータの中身を確認するなどの作業を要します。これらのデータベースのデータをAPIで呼び出せるようにし、どのシステムでも顧客IDは"customer_id"で呼び出せるように設計することで、データベースの構造がブラックボックスでも欲しいデータにアクセスできるようにします。

　ではどのようにしてデータベースにAPIを組み込むのでしょうか。その方法は、それぞれのシステムのベンダーにAPIを実装するように発注することです。これは別に非現実的なことではありません。例えば当たり前のように使っている帳票も、裏では指定したデータを表データという形で呼び出していて、それを月次や日次で定期実行しています。これを帳票という形式ではなく、APIという形式でデータを取り出せるようにするという話です。初期の開発コストはある程度かかりますが、その後は柔軟にデータを取り出すことが可能になります。

　データメッシュのメリットはいくつかありますが、データが一箇所に集中しているという形ではなく、必要に応じてデータが格納されている場所からデータを取り出すという形なので、データの量が増えてもシステムへの負荷が大きくなりにくいという点が挙げられます。これがデータ分散型のアーキテクチャがどうこうといった話の真相です。データ基盤のパラダイムシフトとしてデータメッシュがデータウェアハウスに置き換わりつつあります。これから大規模なデータ基盤を構築する場合は、データメッシュのことも視野に入れてみると良いでしょう。

## データ分析を組織的に行うための環境基盤が作れていない問題

　本書の1章ではデータリテラシーにおける課題として、データ活用を行うためのスペシャリストだけがデータリテラシーを持っているばかりで、データの価値を引き出しきれていないという問題を挙げました。
　データスペシャリストはデータの収集から可視化、分析そしてアクションという、データプロジェクトの一連のプロセスを全て行なっているわけではありません。ここには当然、現場担当者や意思決定者といった立場の方々も関わってきます。組織的にデータを正しく扱うのであれば、データスペシャリスト以外の人もデータリテラシーが必要になるというのが本書での主張です。ここでは、データリテラシーが組織に普及していないことでどのような問題が引き起こされるのか、さらに深掘りしていきます。

### データの負債

　企業のデータ管理についてよく挙げられるのが「目的もないまま集めているデータが膨大にある」という声です。データを貯蓄し続けるのにも当然コストがかかります。ただ無尽蔵にデータを溜めていく状況は、社内にひたすら負債が溜まっていっている状況と同じです。しかし「いつか使うかもしれないから」とひたすらデータが溜められていくだけで、使われないような場面は多く見られます。
　具体的な目的がなく集められたデータでも、分析に使えることはあります。しかし同時に、扱いづらいデータになりやすいです。
　元から何かの分析に使うために集められたデータではないので、データクレンジングをする必要があったり、誰も使っていなかったデータであることから、データの構造・内容を理解することが困難であるなどの問題が発生します。結局のところ、目的もなく集めたデータのいうのは、増えれば増えるほど管理するのも大変になっていくのです。

目的もなくデータが増え続け、気づけば負債になってしまっているという状況はなぜ起きてしまうのでしょうか。その大きな原因の1つとして、データ活用へのイメージがクリアでない、組織内で共有できていないことが挙げられます。

## 負のスパイラルから抜け出すために

　データリテラシーの低い組織では、データの重要性について本質的な理解が足りないので、データ活用の全体像を見渡すことが難しいです。一方でDXのトレンドから「データ活用」の言葉ばかりが先行し、データを持っておくことは何となく重要だという意識も生まれます。この結果ひとまずデータを取っておこうという状況が生まれるのです。このような組織文化では結局、データを活用するメリットを思い描くことが難しく、なかなか本格的なデータ活用に移行できません。結局勘や経験に頼った業務から抜け出せず、ひたすらデータの負債だけが溜まっていく負のスパイラルに陥ってしまいます。

　負のスパイラルから抜け出すためには、

- ひとりひとりがデータ活用に対するイメージをクリアにすること
- データの重要性に対して共通理解を持つこと

が重要です。

　まずデータ活用に対するイメージをクリアにするための手助けとして、本書の第二部では、さまざまな業種でのデータ活用事例を挙げています。データ活用を行う目的、その背景にある課題、必要なデータ、分析方法やアクションの内容などについて言及しています。それぞれのユースケースについて知り、自社の課題に置き換えることで、今までよりもデータ活用へのイメージが掴めるようになるはずです。

　また、データを活用することへの期待感が低く、従来の業務体制から

抜け出せない際は、評価制度を見直すことも必要です。データ活用に意欲的なメンバーを有志で集めてプロジェクトを行うなど意欲的な社員を評価できるシステムを作ることで、意思決定層にデータを重視するようなメンバーを集めた組織体制を構築していくと、本質的な組織改革に繋がります。

### データリテラシーの局所化

データ活用のプロジェクトでは大きく分けて3つの登場人物がいます。

1. データスペシャリスト：高度なデータリテラシーを持ち、データ分析を主導する人
2. 意思決定者：データから得られた情報をもとにビジネス戦略を設計する人
3. 現場担当者：与えられたビジネス戦略を現場に反映する人

当然ながらデータスペシャリストは高いデータリテラシーを持ち合わせているのですが、意思決定者と現場担当者がデータリテラシーを持ち合わせていない場合、大きな機会損失に繋がります。

●意思決定者のデータリテラシー

意思決定者はビジネスに対するドメイン知識を持っており、自社のビジネスにおける課題や戦略設計の方法について深い知見を持っています。意思決定者がデータリテラシーを持っていない場合、ビジネスに対する問題意識とデータが結びつきにくくなります。ビジネス課題を解決するために有効なデータがあるのに、意思決定者がデータスペシャリストから与えられた分析結果の中だけに意識を向けてしまうと、活用するデータの幅が広がりません。一方でデータに対する知見を持っていれば、新しく収集すべきデータや、取り組むべき課題についてデータスペシャリ

ストに提案できるようになります。そうすることで組織のデータに対する視野を広げてゆくことができます。

また、データに対する理解が足りなければ誤った意思決定を招いたり、齟齬が生まれる可能性もあります。アクションを実行する現場担当者に対して、そのアクションを取る目的や必要性を論理的に説明できなければ、現場はデータ活用という取り組みに翻弄されているように感じ、抵抗感が生まれてしまいます。意思決定者にはデータに対する理解を深め、現場担当者との生産的なコミュニケーションを継続することが求められます。

●現場担当者のデータリテラシー

社内に溜まっていくデータは現場から生まれていきます。例えば営業の報告書や建設の管理表、在庫や購買のデータなど、あらゆるデータが現場から入力され、社内システムに蓄積されていきます。現場担当者のデータリテラシーが至らない場合、困るのはデータを分析するスペシャリストたちになります。

例えば飲食店や小売店などで、レジで入力されたお客さんの年齢層についてデータを可視化すると、やたらどこかの年代に偏っているというような現象はよくあります。事実確認をすると、実際には特定の年代からのウケが良いわけではなく、レジ打ちの人たちが入力を面倒くさがって一番上のボタンを適当に押していたという事実が分かります。これは極端な例ではありますが、現場担当者がデータに対して無関心であると、収集されたデータの質が低くなり、クレンジングの手間が大幅に発生する等の問題が起きます。データの扱い方や重視する理由など、一定のデータリテラシーを全社的に担保するための取り組みを行うことが重要です。

目指すべきデータドリブンな組織の在り方

従来のデータ活用の在り方は、現場担当者がデータを集め、データス

ペシャリストが分析し、それを元に意思決定者が戦略を立てて現場に伝達するという一方向的な在り方が一般的でした。データの専門家を入れてデータを使えるようにする取り組みは重要ですが、それだけではデータの価値を引き出しきれません。

　データをもとにしたコミュニケーションの理想的な在り方は、スペシャリスト、意思決定者、現場担当者の3者間で「双方向的な」コミュニケーションを取ることです。

　双方向的なコミュニケーションがもたらす意義は、意思決定者や現場担当者といったビジネスサイドの、データに対する主体性を培える点です。一方向的なコミュニケーションの在り方では、意思決定者は与えられたインサイトから判断を行い、現場担当者は意思決定者の指示によってアクションを行うという受動的な形でデータと接しています。対して、双方向的なコミュニケーションではビジネスサイドがデータサイドに働きかける動きが増えます。

　意思決定者がデータスペシャリストに働きかける際は、ビジネスにおける課題についてスペシャリストに共有し、その課題を解決するために必要なデータを模索するというアプローチでコミュニケーションを取ることが理想的です。これにより意思決定者ないし組織が持つ、データに対する視野が広がります。意思決定者がデータに対する考え方を育むことで、データに基づくアクションの背景に「なぜその施策を打つのか」「どれくらいの頻度・期間にわたってそのアクションが必要なのか」などを具体的に説明できるようになります。これにより実際にアクションを取る現場担当者との意思疎通が促進され、現場担当者はアクションを取りやすくなります。また、現場担当者が現場のドメインに基づいて、課題の根本原因に対する仮説を提供できるようになることも期待できます。

　スペシャリスト、意思決定者、現場担当者の3者間のコミュニケーションが双方行的な在り方へとシフトしていくことで、データ活用をより効果的に行えるようになり、ビジネスサイドを巻き込んだ組織全体のデー

タリテラシー向上を図ることができます。

## データプロジェクトを広げられない問題

データプロジェクトを社内で展開するまでには、いくつかの工程があり、その中にいくつもの障壁があります。フェーズごとにどのような問題が起きやすいのかを知っておくことで、データプロジェクトを社内に展開する上で必要な準備をイメージできるようになります。

まず、データプロジェクトを展開するまでに大まかなステップを明らかにしておきましょう。

データプロジェクトを横展開するまでのフェーズ
1. データプロジェクトの開始準備フェーズ
2. データプロジェクトの実施フェーズ
3. データプロジェクトの横展開フェーズ

そもそもデータプロジェクトを横展開するというのは、すでに何かしらのデータプロジェクトが行われていることを前提にしていますので、横展開をするまでのフェーズはこのように切り分けられます。それぞれのフェーズで起こる課題と、その解決策について説明していきます。

データプロジェクトの開始準備フェーズにおける課題

もしあなたの組織で急に「これからの企業が生き残るには、データを活用した戦略が必須だ。だからデータ活用プロジェクトを行う必要がある！」といった話になったらどうしますか。多くの人は、最初に何をすればいいのか困ると思います。

データプロジェクトの開始準備フェーズにおいて最初にぶち当たるのは**データを活用するためのアクションが明確にならない**という課題で

しょう。データ活用をする上で何をすればいいのかということが分からなかったり、実際にデータを使って業務改善をしていくということに対するイメージがクリアになっておらず、データ活用の必要性を組織内で共有できないといった事象が起きます。

　この解決策として私がお勧めしたいのは、BIツールの導入です。BIツールとは主に、企業のビジネスパーソンが利用することを前提としたダッシュボードツールのことを指します。BIツールを用いて業務を可視化し、重要な指標を設定することで、業務の継続的な改善を期待することができます。BIツールの導入には大きく分けて4つのメリットが挙げられます。

●意思決定が早くなる

　BIツールの導入を行うと、レポートの作成業務の自動化を行うことが可能です。具体的に言えば、「データソースへの接続」「データの加工」「レポートの作成」といった業務を自動化することが可能です。また、帳票のような数字の羅列されたレポートではなく、グラフ等を用いたグラフィカルなデータ表現を用いることによって、データの内容理解を促進することが可能になります。これにより、意思決定者間での共通理解がしやすくなり、より正確かつ素早い意思決定を行うことが可能になります。

●データ人材が組織に増える

　BIツールはビジネスユーザーが運用できるように設計されています。そのため、社内にデータ活用のスペシャリストを育成し、新しいデータ活用プロジェクトを指導させることで、社内のデータ人材をさらに増やしていくことが可能です。

　データ活用業務における担当者は、業務における課題を発見し、それを改善するための仮説立て（どんなデータを活用できるか、どのようなダッシュボードを設計するべきか等）を行なった上で、実際にダッシュ

ボードを作って検証を行います。BIツールの操作方法だけでなく、このようなスキルがデータ活用を行う上で重要です。社内でのプロジェクトを通して担当者はこれらのスキルを獲得し、データ活用のスペシャリストに育っていきます。

●社内のデータが整理される

　データの記帳によく使われるExcelは、セルの形式を変えたり表示方法を工夫することで、どうにかしてデータを記録していくことが可能な設計になっています。

　BIツールではそうはいきません。整った形式のデータが入力になることを前提としているからです。したがってBIツールを導入する際は、データの取り方に気を配る必要がどうしても出てきます。

　データを綺麗に整理していくには、データを貯める前に、事前にその整理の仕方を決めておくことが必要となります。この作業には当然痛みを伴いますが、データを綺麗に積み上げることができると、どのデータがどこにあるのか明確になり、活用しやすい形式で保存されます。これによってデータを運用し続けることが楽になります。

●データドリブンな企業になる

　BIツールを活用することで勘や経験に基づいた意思決定ではなく、数字をベースとした定量的な事実に基づいて意思決定を行えるようになります。その結果、属人的な業務が減り、標準化された業務が広がっていきます。つまりデータドリブンな経営は強い経営です。BIツールの導入は、組織全体のデータリテラシーを底上げし、データドリブンな企業を作り上げる重要なきっかけ作りに繋がります。

　これらのメリットがある一方で気をつける必要があることもあります。それは3章でデータ主体のアプローチが危険であると伝えたように、BIツール主体のアプローチにならないようにするということです。BIツー

ルは導入さえすれば全てを解決してくれるような万能なものではもちろんありません。BIツール導入時にも、導入の目的を明らかにし、事前に解決すべき業務上の課題を明らかにしておくことが重要です。BIツール導入前に考えなければいけないことをまとめます。

| 目的と目標、そして課題 | BI導入においてどのような目的を持っているか。その背景にどのような課題があるか。改善した後の目標は具体的にどれくらいか。BI導入による恩恵を得るには、目的は測定しやすいものが良いでしょう。例えば意思決定までにかかる時間の短縮や、データによる意思決定の割合の向上などです。 |
| --- | --- |
| 現状の数値（ベースライン） | BIツール導入前に現状がどうなっているかを測定しておきます。BI導入による効果を測定するための指標になります。 |
| 導入の計画 | 「どの組織に対して」「どのようなスケジュールで」「どれだけの予算で」「誰がハイパフォーマーとして機能できて」など、BI導入のシナリオを明確にしておきます。 |
| データの準備 | 目的を設定したら、どのようなデータを用いて改善ができそうかを考えます。分析に必要なデータが明確になったところで、次はそのデータが存在するか、あるいは取得可能かを確認します。そしてすでに持っているデータであった場合、データの品質や、目的との整合性について確認します。特に、データクレンジングの手間が多すぎてなかなか分析までに踏み込めないというケースは頻繁に発生するので、入念なチェックが必要です。 |

## データプロジェクトの実施フェーズにおける課題

　データプロジェクトを発足した際に生じる問題は数多く挙げられます。中でも、この準備をしていないとプロジェクトが頓挫してしまうリスクもあるような問題を挙げていきます。

●分析データがない

　データを活用したいのに、そもそも分析に十分なデータが取れていないというケースが挙げられます。これは1つ前のプロジェクトの開始準備フェーズで明らかになることももちろんありますが、このフェーズで

初めて気づくこともあります。そしてこれは避けるべきシナリオです。

　この状況には、そもそもデータがないというケースと、データはあるが形式が不完全であるというケースがあります。データが不完全な場合、データクレンジングを行う必要があります。データクレンジング業務はかなり大変です。実際に、クレンジングだけでプロジェクト期間が満了するケースもあります。適切なデータが取れていないケースの具体例として、Excelでデータを管理しているがフォーマットが整理されていないためにBIツールにインポートできないといった例が挙げられます。

　データを用いた業務の改善は多くの業務に対して可能です。今すぐデータを活用する予定がなくとも、将来的にデータを利用することを想定し、データの取得方法や管理方法を見直しておくことが重要です。

●上層部の理解がない

　こちらは組織面での課題です。データ活用業務の担当者は、データ活用の現場を目の当たりにしているため、データドリブン促進への良いビジョンが見えていることが多いです。それにも関わらず、上層部からの理解を得られずにプロジェクトが頓挫してしまったり、スムーズに進まないといったケースも生じます。

　上層部の理解が得られない理由としては効果を期待できない、予算が出ない、新しいことに取り組むことへの心理的なハードルが高いということが挙げられます。また、何かしらの要因によってツールなどの導入が大変そうという印象を持たれてしまうと、プロジェクトの進行が困難に感じられてしまうということもあります。実際、今までのプロジェクトの中には意思決定者によって急にプロジェクトが停止するというケースもありました。こちらの課題も、データプロジェクト開始前のフェーズから、リスクヘッジしておくことが重要です。

●データ活用スキルが足りない

特にBIツールを用いるプロジェクトである場合、初めての試みでスキルがまだ成熟していないというケースがほとんどでしょう。BIツールにはさまざまな機能が備わっていますが、ビジネスユーザーでも扱えるように設計されています。多くのツールの場合、チュートリアルもあるので、機能面のスキルは比較的短期間で身につくでしょう。

　どちらかといえば、「どんなダッシュボードを設計するか」というデータの活用の仕方を習得する難易度のほうが高いです。これには個々のデータリテラシーも当然重要になります。外部のスペシャリストの手を借りるという手もあります。例えば初期のプロジェクトの場合、プロジェクト担当者がスペシャリストからのサポートを受けながらダッシュボードを作成・運用していくことで、社内のスペシャリストを育成するといった形で、企業のデータ活用スキルを補っていくことも可能です。

## データプロジェクトの展開フェーズにおける課題

　1つのデータプロジェクトは上手くいったが、ワンショットで終わってしまい、社内に横展開しないというケースです。企業内のあらゆるところでデータプロジェクトが発足してほしいのであれば、データプロジェクトを横展開するための取り組みや戦略が必要です。横展開が上手く進まない要因は**データ活用に対してスキル面・心理面で障壁が存在する**という問題が根底にあります。これを解決するために、私たちが今まで実際に取り組んできたあの手この手の中から、有効的であるアプローチを紹介していきます。

### ●チャンピオンの育成

　データドリブンな企業文化を育む上で有効なのが、組織に1人"チャンピオン"を置くという考え方です。チャンピオンという概念は主にTableauのプロジェクトで用いられる単語ですが、他のBIツールでも通用する概念です。

チャンピオンとは、Tableauを扱うことができ、データを扱う上でのスペシャリストのことです。しかし、普通のスペシャリストと異なるのが、チャンピオンはデータドリブンを広めることに根差した存在であるということです。

　チャンピオンによるサポート環境を作ることで、同じ企業内の別の組織で新たにデータプロジェクトを行う際、円滑にプロジェクトを進めることが可能になります。チャンピオンにはツールの操作の方法だけでなく、「業務課題に対する解決策を考え生み出すことができ、説明できる」スキルが求められます。「この課題解決にデータを使いたい」といった要望に対し、本質的に求められていることを見出したり、データを使ってどのように表せるかを導くことができるのがチャンピオンです。

　チャンピオンを社内に育成し、あらゆるデータプロジェクトをサポートできるような環境が用意されると、データプロジェクトを行うチームの心理的な障壁をぐっと下げることが期待できます。

●プロジェクトの周知

　社内のメンバーに対して、データプロジェクトを発足しようと思ってもらうのに一番手っ取り早い方法は「成功事例を知ってもらうこと」です。ある企業では社内での大きな会議で活動報告を行う際に、Tableauの事例を紹介していきました。これにより、Tableauによって社内でデータ活用が上手くいっているということを社員に認知させ、他の部署でのデータ活用プロジェクトを発足しようという機運を高めることができます。

　BIツールを導入して、その存在を認知してもらっただけで導入を拡大していくのは簡単ではありません。しかし、社内での成功事例があれば、他の部署のメンバーも主体的に導入を考えるようになります。

●コミュニティの活性化

　社内でのコミュニティを作ることも重要です。「自分の部署でもデータ

活用をしたい！」と考えた社員がいた時に、高いデータリテラシーを持つ社員に対して気軽に話を聞けるようにし、導入のイメージを掴めるようにすると、アイデアを実行しやすくなります。

全社的にBIツール活用を広げていくケースでは、「質問チャンネル」や「イベントチャンネル」をTeamsやSlackなどで作成する企業が多いです。

質問チャンネルではBIツールの使い方やデータの扱い方などについて、社内でナレッジを持っているユーザーに気軽に質問できるようします。このチャンネルを通して、社内でプロジェクトを行なっている社員と、チャンピオンなどのスペシャリストとの交流が行われます。また、イベントチャンネルを持っているような企業では、データマネジメント系の部署によって勉強会等のイベントが行われていて、そのイベントの周知にイベントチャンネルが使われることが多いです。各BIツールベンダーが主催しているイベントなど、外部のイベントも存在するので、情報を持っている社員が共有できる場として活用するのも良いです。

このようなコミュニティ内での交流が盛んに行われるような文化が構築できると、データプロジェクトで何か問題があった際に解決が迅速に行えるようになったり、それによってデータ活用を考えているチームの安心感を高められることも期待できるので、多くのメリットが望めるでしょう。

## まとめ

データドリブンを妨げる組織的な要素は主に

- データアクセシビリティが低い
- データを組織全体で扱うためのコミュニケーション基盤ができていない

・データプロジェクトの展開が難しい

という要素になります。現時点での国内企業の一般的なデータリテラシーレベルだと、データドリブンを実現するまでの道のりには、個々のデータリテラシー面でも組織のデータリテラシー面でも、まだまだ根深い問題が散在しているはずです。しかし高いデータリテラシーを持った組織を構築すれば、データを扱っていく中でデータの価値が徐々に引き出せるようになり、データドリブンを実現する道も拓けてくるでしょう。

　ここで第一部は終了です。第二部では、私が今まで実際に関わってきた、データの価値を引き出すためにすでに努力している企業のプロジェクトの担当経験から、企業のデータリテラシーとの格闘記を事例的に紹介していきます。

# 2

## 第二部　データリテラシーとの格闘

# 第二部のはじめに

　私はこれまで、デジタル技術を駆使したデータの有効活用をさまざまな企業でサポートしてきました。第二部ではその経験をもとに、事例チックにデータプロジェクトを紹介していきます。

　「日本はデジタル化が遅れている」という話を聞いたことがある方は多いのではないでしょうか。その事実を裏付ける指標として、国ごとのデジタル化における競争力を示した「デジタル競争力ランキング（Digital Competitiveness Ranking）」という指標が毎年スイスの国際経営開発研究所（IMD）という機関から発表されています。2022年のデジタル競争力ランキングで日本は29位です。例えば他の東アジア諸国では韓国が11位、中国が17位と、日本が他の先進国に比べて遅れていることが分かります。

　第一部の2章で紹介したように、日本のデータリテラシーは古い在り方を踏襲したものがほとんどです。データ爆発の時代についていけていない現状を私自身、肌身で感じております。その一方で、データの重要性はここ数年にわたり説かれ続け、データに価値を見出している企業も多くあります。

　この第二部で取り上げるのは、デジタル化に後れを取っている日本企業の中でも先を行き、データの価値を引き出そうと試みるリーダー企業たちのデータリテラシーとの格闘です。企業におけるあらゆる問題や、データを活用する上でのさまざまな障壁との奮闘記として読んでいただけると幸いです。データを扱う環境における国内企業のリアルや、多くの企業が抱くデータにおける課題が散りばめられています。このような

例は、データ活用を試みようと後に続く企業に対する知見として役立つはずです。

　第一部では特に、データリテラシーの必要性を理解し、データを扱う上で重要な考え方について説明しました。一方で、データを用いて効果を出すということに対して、まだ具体的なイメージが湧いていない方も多いと思います。ここで紹介するあらゆるデータ活用プロジェクトのシナリオは、あなたの会社でデータを活用する際の参考として大きく役に立つはずです。

# 5章　製造現場のデータドリブン

## 概要

　本章では製造業を例に挙げてデータ活用を行う事例を紹介します。ここでは、精密機械の製造を例にします。製造の工程では不良品が発生することがあり、その要因はさまざまです。製造を行う企業としては、この不良品の割合を減らすことが、工場の生産性や利益に直結します。今回のケースでは、この不良品率の低減を目的としたデータ活用がテーマです。今回の事例で注目しておきたいポイントは以下です。

- データの収集面における課題
- データを紐づけることによって生まれる価値
- データによるアクションを取るための組織の連携

## 課題

●不良品の割合
　機械の製造においては、不良品の量が課題になります。もし不良品の発生割合が高いと、納品までに製造しなければいけない製品の数が多くなり、納品の遅延といったリスクが発生することになります。また、製品の性能にも線引きがあり、不良品の定義が顧客によっても変化します。例えば半導体などは、スマホに用いるのか、医療機器に用いるのか、航空機に用いるのかなどによって求められる品質が変わってきます。当然求められる品質が高ければ高いほど、不良品の割合は増えます。

要求に合う納品可能な製品の生産割合は「歩留まり」と呼ばれ、高品質な製品を要求された際の"歩留まりの低さ"は製造業者において大きな課題になります。歩留まりが低いと、納品に必要な個数をまかなうために製造コストが高くなる分、利益は低くなります。また、不良品が増えるほど廃棄にかかるコストも高まるため、同時に損失も大きくなっていきます。歩留まりの改善は製造業において直接利益に関わる重要な指標です。

●データの取得
　製造ラインは複数のメーカーから調達した複数の製造装置や加工機で構成されるのが一般的であり、個々の装置の稼働状況を示すデータは取得できる場合もできない場合もあります。データの形式や取得する時間間隔も装置ごとに異なります。したがって、機械によってデータが抽出できなかったり、データが不正確であったり、データを紐づけることが困難であったりと、さまざまな問題が生じます。
　分析に用いるデータは大きく分けて下記の2種類のデータです。

　　①工程管理システムのデータ
　　②不良検出データ

　工程管理システムは、各生産ラインの稼働状況を記録するシステムになります。どのロットがいつ、どこの生産ラインを通ったのかを、データから知ることができます。この生産管理システムは、出荷時期の予測のために用いられています。つまり、生産における不良箇所を直接特定するためのものではないため、不良の原因分析を行うには他のデータを組み合わせる必要があります。
　生産ラインには数々の検査装置があります。この検査装置によって生産された仕掛り品の品質が基準を満たしているかどうかを検証します。

検査装置にあるエラーのデータと、検査装置がテストしている項目のデータがあれば、どのようなエラーがいつ発生しているのかを知ることができます。しかし、検査装置のデータを使うには問題もあります。それは装置によって計測しているデータが異なるという点です。装置によってはエラーが検出された際のデータがロットナンバーと紐づけられているものもありますが、ロットナンバーの情報がないものもありました。

このようなデータは、工程管理システムのデータと紐づける必要がありました。エラーが起きた時刻に当該の生産ラインを通っていたロットを生産管理システムから探して、紐づけることで、問題が起きたロットの番号を得ることができます。

①の工程管理システムは、各生産ラインの稼働状況を記録するシステムになります。このシステムは出荷時期の予測のために用いられているものであり、生産における不良箇所を特定するためのものではないので、このデータ単体で不良原因を特定することは困難です。

②のデータは製造ラインに置かれた不良測定用の機器から検証されるデータになります。各ロットが生産ラインを通った後に、ロットの中からいくつかの機械をサンプリングして不良品率やその内容を検証したデータを指します。不良測定器は生産ライン上にさまざまなものがあります。そのうちの多くは不良測定器から検出されるエラーデータはロット番号と結びついていないことがほとんどで、各工程でどんなエラーがどれだけ頻繁に起きているかを定量的に把握することが困難です。

### 課題の整理

最後に一度、ここまで挙げた課題を整理しておきます。

・歩留まりが低い
・データを紐づけることが困難である
・改善アクションを取るまでに時間・工数がかかる

## 組織

　今回プロジェクトに関わる組織は大きく分けて3つあります。1つはデータのスペシャリストチーム、そしてもう1つは製造の品質管理チーム、最後に現場の製造管理チームです。スペシャリストチームは私たち、社外のコンサルティング会社になります。今回のプロジェクトで実際にダッシュボードを運用するのは品質管理チームです。将来的なダッシュボードの開発・運用も品質管理チームで行えるような形を目指していきます。運用体制は以下のようなフローになります。

1. ダッシュボードから得られるインサイトについて品質管理チームとスペシャリストチームで協議し、品質改善のための根本分析と改善施策についてディスカッションを行う。
2. 上記2つのチームで分からないことがあったり、現場の情報が必要になった場合は、製造チームを巻き込んでディスカッションを行う。

　今回のプロジェクトでは普段からデータ活用を行なっている人やダッシュボードを使い込んでいるスペシャリストに限らず、さまざまなバックグラウンドを持つメンバーがダッシュボードを用いるため、現場を担当している人なら誰でも内容が分かるような設計にすることを意識する必要がありました。

## 目的

「製造における不良品発生の原因の可視化を行い、改善アクションのヒントを得る」

今回のプロジェクトでは複数あるデータを一気通貫して分析できる環境を構築し、測定した結果をグラフィカルな分かりやすい形に表現します。これによって問題の発生箇所に対して根本原因分析を行い、歩留まりを向上させていくことを目指します。

**新しいデータを生み出すための仮説**

　不良発生の根本原因を見出すためには「いつどこでどんな不良がどれくらいの頻度で発生しているのか？」という問いのもと、それらを検証できるデータと環境が必要です。「不良の発生場所と内容」を不良測定器から得ることができますから、工程管理システムと紐付けて「どのロットで不良が発生していたか」を知ることができれば有用なデータが手に入りそうです。

**アプローチ**

**データの準備**

　「どのロットで不良が発生していたか」を知るためには、エラーが検出された時のデータを、そのエラーが発生したロットの番号と結びつける必要があります。不良検出データが最初からロットナンバーと紐づけられている場合は問題ありませんが、そうでない場合は工夫が必要です。この場合は、不良検出が行われたタイムスタンプデータと、工程管理システムのデータから、当該の時間にその工程を流れていたロットがどれかを紐付けます。これにより、ある程度正確に各エラーが発生した際のロット番号を把握することができるようになりました。

**ダッシュボードの設計**

　不良検出器から得られたエラーデータを工程管理システムに記録されているロット番号と各製造工程のタイムスタンプのデータと紐づけるこ

とで、「不良の種類ごとの発生頻度」や「それがいつ発生しているのか」、「改善傾向は見られるか」等を検証できそうです。

　今回は不良の種類と発生頻度のデータから、不良の内容を細かくドリルダウンできるようなダッシュボードを設計していきます。今回のダッシュボードは、3段階にドリルダウンできるような設計を目指していきます。構成は下記のようになります。

- ダッシュボード#1：製造工程全体における不良の種類のサマリー
- ダッシュボード#2：各不良が頻繁に発生しているロットの一覧
- ダッシュボード#3：各ロットにおける不良の詳細情報

ダッシュボード#1

　まず、マクロ的な視点で製造工程を監視するための画面として、不良の種類ごとの発生件数をランキング化した画面を作成していきます。

　このダッシュボードからは、改善の優先順位をある程度見出すことが可能です。簡単な考え方としては、発生数の多い不良原因から対処していったほうが、改善効果が高いというふうに考えることができますね。また、再仕掛かりなどを行うことによって対症療法的に処理できそうな不良であれば、解消を後回しにしても良いといった判断をすることも可能そうです。

　また、このダッシュボードでは不良の種類ごとに、その発生件数を期間ごとに表示できるようにします。これにより、改善のためのアクションを行う上で、実際に改善効果が現れているかどうかを検証することが可能になります。

ダッシュボード#2

　このダッシュボードでは分析したいロットの絞り込みをすることが可能です。ダッシュボード#1で不良の種類を選択すると、その不良が実際

に発生しているロットを表示します。不良の種類が共通していても、根本原因が異なる場合もありますし、同じ原因でその不良が発生していることも多いです。エラーの発生原因や、そのロットの工程上での他の検査結果等を分析することで、問題が発生しているロットに共通する特徴を抽出し、不良発生に関係している要素を絞り込んでいくことが可能になります。

**根本原因を探るためのアクション**
　ダッシュボードを導入した本質的な目的は、根本原因を見出し、歩留まりを改善することです。つまり、不良原因の可視化に留まらず、実際に改善のためのアクションを取らなければ意味がありません。そのためには仮説検証を継続的に行うためのチームが必要です。スペシャリストチームのデータ分析に対する知見と、品質管理チーム・製造管理チームの知見を活かしながら、ダッシュボードを使ったディスカッションを行います。議論を通して、実際に根本原因が何かについて仮説を立て、その検証を行うためのアクションの内容を策定していきます。
　実際にこの事例では、エラーを検出していた箇所と、根本的な問題が発生している箇所が異なるというケースがあったので、それを紹介します。
　ダッシュボード上で不良の発生件数を分析していると、「印字にインクを流す」という工程で多くのエラーが発生していることが分かりました。
　最初は印刷をするための機械の調整が上手くいっていないのだろうという仮説に基づき、印刷機械の点検を行い、再度ラインの運用を開始しましたが結果は改善されませんでした。そこで、印字に関連する工程に着目します。印字に関する工程は他にも「印字の掘削」、「印字の研磨」など複数の工程が関わっています。
　エラーが起きているロットとそうでないロットで、印字に関連する工程の検査結果を比べると、「印字の掘削」という工程でそれぞれのロットが異なる特徴を持つことが分かります。

・エラー系：彫りの深さの中央値が3 mm
・正常系：彫りの深さの中央値が4 mm

　この工程では彫りの深さが3 mmであろうと4 mmであろうと、どちらもエラーとなることはない設定になっていました。しかし、それが後工程である「印字の掘削」の工程でエラーの原因となっているということが分かります。このインサイトから「印字の掘削」工程でのエラーとなる閾値を変更、さらに機械の調整を行った結果、印字でのエラーを大きく減らすことに成功しました。
　このように、ダッシュボードから不良の種類や発生頻度を調べ、エラー系と正常系を比較する等のアプローチを行うことによって、根本原因の仮説を立てることができます。データを扱うことの強みは、

・仮説を立てるための材料が得られること
・検証結果を定量的に評価することができること
・原因の切り分けができること

です。問題を要素分解し、根本から改善することで、改善アプローチに再現性を取ることができます。これを継続することで徐々に不良の発生を減らし、持続的な恩恵を得ることができるようになります。

## 効果と教訓

### システムを横断したデータ分析の実現
　今回のプロジェクトでは、複数あるデータソースをダッシュボード上に集めることで、異なるシステム同士のデータを紐付け、今までになかった新たなデータを作ることを実現しています。
　データソースは工程管理システムのログデータと不良測定器のエラー

データです。工程管理システムは本来、出荷時期の予測等に用いられるデータであり、不良品分析のためのシステムではありません。不良測定器は、製造品が出荷可能なクオリティかどうかを判断するための測定器になりますが、継続的な分析を想定したものではなく、その場その場での製品チェックのためのシステムです。そのため機械によっては、ロット番号とは紐付いておらず、不良が検出された工程とその時間のみが分かる機械も存在します。

　工程管理システムに記録されている、各ロットがいつ、どの工程を通ったのかというデータと、不良測定器がエラーを検出した時間のデータを紐付けることで「どのロットで、どんなエラーが、どの工程で発生したのか」という切り口で業務を評価することができるようになりました。これにより根本的な不良原因の発見を促進し、継続的な改善アクションを取ることで不良の再発防止を期待することができます。

### 改善の高速化と標準化

　ダッシュボードの実装により、不良品発生の原因に対して仮説を立てられるようになりました。また、製品不良を評価するための指標が定量化され、改善の優先順位や改善施策の妥当性について、チームでの共通理解を促進できるようになりました。これにより、改善までのアクションをスピーディに行えるようになりました。

　特定の要因により不良が発生している場合、改善までにかかる時間だけ不良が増えてしまい、大きな損失に繋がってしまいます。改善までのPDCAを高速化できるようになり、大きな損失を防ぐことが可能となりました。また、不良発生の原因特定を論理的に行えるようになったことで、改善のアクションを標準化することが可能となりました。

　従来では、現場のメンバーが個人の勘などを基準に改善を行っていた実情があり、経験のある人とない人で、問題発生の原因を特定するまでの時間にばらつきが生まれたり、改善施策がその場しのぎのものになっ

てしまうことが多々ありました。しかし、仮説検証の積み重ねにより、抜本的な解決施策を誰もが取れるようになっていきました。

### 品質の根本的な改善

　不良発生の根本原因を特定することにより、継続的に生産パフォーマンスを高めていくことが可能となりました。この結果、高品質な製品が求められた際も高い歩留まりで生産を行うことができるようになり、利益率を向上させることが可能になりました。また、製品全体のクオリティも底上げされたことで、事業としての付加価値を高めることにも繋がりました。印字のエラーの例のように、エラーが検出されたよりも前の工程で根本的な問題が発生していたとしても、ログデータだけを見れば他の工程でエラーが発生しているように見えてしまいます。さまざまなデータを紐付けて分析できる環境によって、因果推論が行えるようになり、根本原因に対して論理的にアプローチすることが可能になりました。

データリテラシーフィードバック

| | |
|---|---|
| データがどのように生まれ、何を意味しているか理解できる力 | 「不良の要因を特定する」というデータ活用の目的が明らかで、どのようなデータを組み合わせればそれが実現できるかをイメージできていました。 |
| データを適切な手段で取得できる力 | 従来はそれぞれのシステムが独立しており、不良の状態を細かく見られる環境はありませんでした。不良要因を探るのに必要なデータを工程管理システム等の複数のシステムから抽出し、統合して分析できる環境を構築しました。 |
| データを適切な手法で利用できる力 | 不良の内容と頻度を不良検出データから、各ロットの製造情報を工程管理システムデータから取得し、組み合わせることで、どのロットでどんな不良が多いのかを可視化することが可能になりました。これによって頻発している不良を特定し、その原因について仮説を立てることができるようになりました。 |
| データが持つ価値について言語化し、説明できる力 | 不良要因に対する仮説を、外部のスペシャリストと品質管理チームで連携して構築しました。改善アクションの主体となる製造管理チーム（現場担当者）ともデータをもとにした意思疎通を取ることができたため、改善のための仮説検証をスムーズに回すことが可能となりました。 |

## まとめ

### 新しいデータの威力

　今回紹介した事例では、従来紐付けることができていなかったデータを組み合わせることで、新しい価値を持ったデータを生み出し、業務改善に活かせるようになるというケースを説明しました。あらゆるデータの新結合によって今まで得られなかった価値のあるデータを見出すことが、データの価値を最大化させるのに適したアプローチです。既存のデータをそのままダッシュボードツールに移行することで、効率的な分析環境を実現するというプロジェクトもデータ活用にはよくあるケースですが、さらなる効果を出すためにはその環境にあるデータを結びつけていくアプローチが必要です。

### 成功の要因について考える

　今回の事例で新しいデータを生み出せた鍵は、ビジネスに対する知見とデータリテラシーを持ち合わせたチームを構成できたことにあります。スペシャリストだけでなく、品質管理チームや現場に直接関わる製造管理チームもデータリテラシーを持つことが重要です。

　歩留まりを改善するためには、製造工程におけるプロセスデータと不良率・不良内容を示す結果データの両方が必要であると考えられるのが個々に求められるデータリテラシーです。そしてその不良原因から根本的な原因を考察したり、改善アクションの取り方を決められるためには、製造における不良の種類や、工程管理系のシステムの仕組みといった現場に関する知識などが現場に対するドメイン知識であると言えます。

　今回のケースのような、データとビジネスの両面を理解し、アクションを取れるのがデータ・ドリブンな組織です。ビジネスに立つ側もデータリテラシーを獲得することで、データはさらなる威力を発揮していきます。

# 6章　勘と経験からの脱却

## 概要

「勘と経験に依存した業務から脱却すること」。これは多くのデータプロジェクトで目的とされます。ここでデータに期待されることの1つが"業務の標準化"です。勘や経験に依存した業務を行なってしまうと、

- 業務の熟達に時間がかかる
- 特定の人に作業が集中する
- 業務の中身がブラックボックス化する
- 偏った意思決定を招く

など、さまざまな問題が生じます。勘や経験に依存しがちな業務の代表的な例が営業業務です。本章ではB2Bでの営業業務を例に挙げて、データ活用事例を紹介していきます。

## 課題

### 業務の標準化における課題

　営業活動においてしばしば取り沙汰される課題として、勘や経験に依存した営業をそれぞれの社員が行ってしまうという話が挙げられます。
　個々人が自身の経験に基づいた自己流の営業スタイルを追求するスタイルになると、営業成績を向上させるために重要な指標がブラックボックス化します。これに対して考えられるのが科学的なアプローチです。今

回のようなB2B営業は、業務フローが比較的標準化されており、共通の指標を用いることが可能です。営業スキルの習得に時間がかかるといった問題や、それによるサービスの質や組織全体の売上のばらつきという問題が生じるリスクを抑えるために、数値を用いた営業管理の仕組みを目指します。

**データリテラシーにおける課題**

　営業マンが常にデータを扱い、頻繁に分析を行うということはあまり一般的ではないでしょう。共有された売上帳票を見る機会はあっても、本格的な分析をする機会はないことがほとんどです。一方で営業管理をする社員には、売上の成績順位や売上見込み、営業日報や営業進捗などのデータに触れる機会があります。しかし、これも売上向上のためにフル活用できていなかったり、営業現場のメンバーにインサイトが提供されていないなどの課題があります。

　法人営業の組織には営業管理を行う営業戦略チームと実際に現場で営業を行うチームがあります。営業管理のメンバーはそれぞれ、営業部隊を管轄しており、アドバイスを行います。しかし、定量的な指標がないことによって、アドバイスも担当者によってばらつきます。営業戦略チームのメンバーもかつて自身が営業を行っていた背景があり、その経験に基づいたアドバイスを行うことが原因です。また、営業戦略チームがデータに基づいたアドバイスをしても、現場のチームのメンバーがデータの意味を理解していない限り、受け入れられることは難しいでしょう。

　今回のプロジェクトは、売上向上のために共通の目標となる指標を設計・可視化し、標準化された業務への移行を目指し、営業戦略部を主体に発足しました。従来の帳票では、注目すべきデータが何なのかを社員に浸透させることは困難であり、データ活用を促進する上でのボトルネックになっていました。

　そこで注目されたのがBIツールでした。グラフィカルなダッシュボー

ドを作成することによって、データに馴染みのない社員に対しても定量的な指標の理解を促進します。また、カスタマイズ性の高さを活かし、営業の売上向上に必要な指標を適宜表現することが可能です。

### 組織

　この組織には大きく分けて「営業戦略チーム」と「営業チーム」の2つのチームが存在します。実際に営業を行うのが営業チームのメンバーで、営業戦略チームは各営業マンへのアドバイスや営業進捗等の管理を行います。実際にダッシュボードを設計する主体となるのが営業戦略チームです。

　今回のプロジェクトにおいて重要となるのは、勘や経験に頼って行われてきた営業の業務を定量的に測れるようにすることです。これには現場での業務について熟知していて、売上の向上に関わる重要な要素を言語化できるような人が必要です。つまり、ビジネスに対する知識とデータリテラシーを兼ね備えた存在です。

　営業戦略部のあるマネージャーは、ビジネスドメインの知見が深く、売上を伸ばすために必要な要素を言語化できる、高いデータリテラシーを持つ人でした。このような役割の人が第一部の4章で紹介したチャンピオンと呼ばれるスペシャリストです。現場のことを理解していて、どのようにデータを活用すればいいのかイメージを掴めているメンバーがいると、プロジェクトが円滑に動き出す傾向にあります。

　また、チームでデータ活用に対する意思やモチベーションに対する確認を取って動くことも重要です。

　まず、営業に関するアドバイスを行う営業戦略チームも、データを活用しきれていないという問題意識を明確にし、データプロジェクトを行う目的をはっきりさせる必要があります。また営業のような業務領域では、データに馴染みのないメンバーも多く、これが営業組織全体でデー

タ活用を促進する上での一番大きな壁になります。

　営業部社員にデータを活用して営業活動の改善をしてもらうという大目標に辿り着くまでには多くのステップを踏む必要があります。まずは営業部社員にデータを見てもらうということ、そしてその内容を理解してもらうこと、その段階から問題を解決していく必要があります。これにはダッシュボードの視認性の向上はもちろんのこと、データを見てもらうための仕組みづくりも必要です。

### 目的

　今回のプロジェクトは**「法人営業における売上向上のためにデータ活用を促進すること」**が狙いです。営業戦略部には、営業部に対する従来の定性的な指導から脱却し、データに基づいたアドバイスにシフトし、マネジメントしやすい環境を作りたいという思いがあります。プロジェクトにおける具体的な目的をこのように設定しました。

- 営業部のバックアップをするための分析データと支援システムの提供を行う
- 営業戦略部内でデータの管理・分析を行えるようにする
- 営業メンバーが営業活動をより主体的に行えるような仕組みづくりをし、営業力の向上をする

　BIツールはビジネスユーザーの範囲でダッシュボードをカスタマイズからデータ活用施策までを完結させられる設計になっているため、営業戦略部がデータ活用促進において重要な役割を担うことになります。
　一度ダッシュボードを作成しても、後から改善点が見つかるというのはよくあることです。その際に、営業戦略部内で適切なデータを用いて理想的なダッシュボードをカスタマイズし、システムに反映できる状態

を作っておくと組織のデータ活用促進がスムーズになります。このような仕組みづくりはデータドリブンな組織を構築する上での「アジャイル性」という要素で、データの扱い方をアップデートしていく上で重要な体制です。

## アプローチ

　営業戦略部のメンバーはBIツール基本的な操作やデータサイエンスのトレーニングを受け、チャンピオンの経験をもとにして重要指標を可視化したダッシュボードを作成していきました。トレーニングの内容は、BIツールの基本的な操作を覚えるための2時間×4回のレクチャーを行います。その後、データリテラシーのトレーニングは業務データに対する実践的な考え方を養うため、実際に作成したダッシュボードに対してフィードバックを行う形式で、業務データに対する実践的な考え方を養うデータリテラシーのトレーニングを行います。このように、ドメインを持つ営業戦略部と、データスペシャリストであるコンサル間でのコミュニケーションを通して、営業戦略部が考える売上向上に必要な要素を言語化していき、ダッシュボードを使って定量的な指標へと落とし込んでいきました。

ダッシュボード#1
　営業部社員にデータ活用を意識させる最もメインなダッシュボードとして、個人成績ダッシュボードを作成しました。このダッシュボードのトップには営業成績のサマリー情報が表示されています。サマリーに使われている指標として主に

- 営業訪問件数
- 見積数

・売上

・成長率

などの数値が挙げられます。この中でも見積数といった指標は先行指標にあたり、業務を細かく評価するための軸として役立ちます。特に勘や経験に依存した業務を標準化するには、重要な指標を具体的な切り口で可視化することが重要です。このようなデータを可視化することで、中長期的な視点で評価指標を設定することが可能になり、営業活動を最適化することができます。

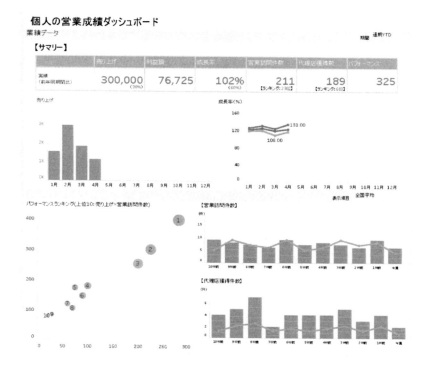

さらにこのダッシュボードではサマリーに使われている指標の推移を

グラフ化して見ることも可能です。例えば売上に注目し、月ごとの売上そのものの推移や、成長率の推移等を見ることができます。営業部の社員は自分の営業活動がどのように変遷しているのか、月や季節によってどのような違いが出るのかなど、深掘りして分析することが可能です。このようにBIツールでダッシュボードを作成すると、月ごとの推移を簡単に可視化できます。

　このダッシュボードのようにトップにサマリーを配置し、下部により詳細なデータを表示するというUI設計は、基本的なことではありますが、ユーザビリティの高いダッシュボードを設計する上で重要です。

### ダッシュボード#2

　営業部社員がさらに自分の営業活動をデータから施策に落とし込むためのダッシュボードとして、自分の伸び代を理解することをコンセプトとしたダッシュボードも考案されました。これは商品ごとの自分の売上とあらゆるデータを比較できるダッシュボードになります。例えば、全国平均では商材Aの売上割合が自分の割合よりも際立って大きい場合、営業のやり方次第で商材Aがもっと売れる可能性が高いと考えられます。

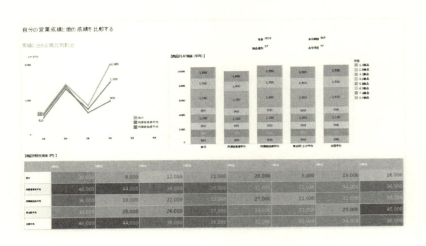

このように、あらゆる商品の売れ行きを比較することによって、自分が不利な商材に注力してしまっていないか、営業活動の方針が正しいかどうかといったことを分析することができます。特に、経験の浅い営業メンバーは商材や適切な営業戦略に対する情報量が足りないケースが多く、このような情報は大きな価値になります。勘や経験の不足を補い、組織での営業力を底上げするためのマニュアルとしてこのダッシュボードは活用することができます。また、営業成績が平均以上のメンバーも自分の営業活動の在り方を見直し、さらなる改善点を見つけられるという点で、このダッシュボードは活用できます。

**ダッシュボード#3**

3つ目はランキングのダッシュボードです。一定期間内の売上や訪問件数といった営業成績順に営業社員のランキングを表示することができます。このダッシュボードの目的は「自分のロールモデルになる人を見つける」ことです。ランキングに表示されている名前をクリックすれば、他者の個人成績を閲覧することもできるシステムです。

勘や経験で営業を行っている間は、主に自分がコミュニケーションを取れる相手からもらうアドバイスが頼りでした。一方で、ダッシュボード#1のように、個々人のデータを可視化することで、全国の営業社員の中から、自分に近い特徴を持った営業社員を選び、そのデータを閲覧することができるようになりました。またダッシュボード#2のような商材ごとの売れ行きについて、属性が自分と似ている人を探し、力を入れるべき商材が何かについてインサイトを得ることも可能です。従来の営業管理ではロールモデルが自分の直接のメンターになる傾向が強かったり、戦略の提案が感覚ベースに行われていたのに対し、定量的な基準を持って営業方針を設計することができるようになりました。

### 営業部にデータを浸透させるために

　営業部は今までデータを活用する文化がほとんどなく、分析したデータを提供しても上手く活用できるかどうか見通しが立たないことはリスクのある問題でした。営業戦略部は営業部にもデータ活用の文化を浸透させ、適切な意思疎通をできるようにするために、大きく分けて2つの施策を行いました。

●ユーザビリティ向上戦略

　1つ目は、ユーザビリティの高いダッシュボード設計です。ユーザビリティの向上を目指して、パソコンを日常的に使用しない営業スタッフも容易に操作できるシンプルなダッシュボードを開発しました。

　重要なのは、視認性と操作性のバランスです。ダッシュボードの設計では、全体像を一目で把握できるサマリーの指標を上部に、詳細な指標を中段に、そして指標の推移を示すグラフを下部に配置しました。これにより、ユーザーは全体像から細部へと自然に情報を探索できるようになります。また、ダッシュボードの操作は、クリックと縦スクロールに限定しました。通常、データの表示には横スクロールが必要になることが多いですが、これはパソコンをあまり使わないユーザーにとって直感的ではありません。このため、一般的でない操作を排除し、よりアクセスしやすいデザインにしました。

●データに触れるルールづくり

　2つ目は、データに触れることの仕組み化です。勘や経験に依存する度合いが強いからといって、データが全く存在しないわけではありません。

　データがあまり重要性を持っていなかったこと、それによってデータを使う文化が生まれなかったこと、それがデータ文化が育まれない原因です。この状況を改善するために、業務フローの中にデータに触れるという作業を組み込みます。具体的には、営業部社員が営業の記録や報告

をする際に必ずアクセスする社内ページにいく過程で、ダッシュボードが表示されるような設計を施しました。これによって営業社員は業務を行う際に必ず自分の営業活動データを見るようになります。

　また、営業管理の担当者との打ち合わせで、営業戦略を練るのにもこのデータが使われます。自身の営業について分析を行い、売上に直結することを理解してもらうことで、現場へのデータ活用の浸透を狙います。

**データドリブンな組織を作り出す戦略**
　営業部へのデータ浸透の第1フェーズとして重要視されたのは、営業部社員にデータを「分析」してもらうことではなく、「理解」してもらうことです。

　いきなり自分の個人成績をもとに、次の営業活動のために具体的な施策を見出せるようになるのは難しいです。「それぞれの指標にどんな意味があるのか？」「なぜその指標が重要なのか？」といったことを知ってもらうところからスタートする必要があります。しかし、これだけでも大きな意味があります。

　営業戦略部のメンバーは、ダッシュボードを設計するためのトレーニングを受けながら、適切なダッシュボードの作り方を学び、データを活用する方法を会得していました。最初のフェーズでは"営業戦略部"が重要指標の設定などのデータ「運用」や、ダッシュボードをもとにしたデータの「分析」ができれば良く、営業部の社員は定量的なデータに基づいたアドバイスを「理解」できれば十分です。これだけで、「データに基づいた意思疎通が行えるような状態」が実現可能になります。

　部署に応じて必要なデータリテラシーのレベルはそれぞれ違うので、状況に応じた施策を行うことが重要です。

## 効果と教訓

**勘や経験に頼ったアクションから、データ中心のアクションへ**

　最も注目すべき課題はやはり、勘や経験に基づいた業務への依存です。営業部社員が自身の経験に基づいた営業活動をせざるを得ない状況であったり、営業戦略部のメンバーが営業部に対して自身の経験に基づいた定性的アドバイスを行ってしまう状況によって、多くの業務が属人的なものに陥ってしまっていました。しかしデータを活用することにより、共通の指標を共有できるようになりました。

　今回のプロジェクトの主体となった営業戦略部は売上向上のために伸ばすべき指標を自ら考案し、設定できるようになりました。また、データの意味を理解している営業部社員に対して、定量的な数値をもとにアドバイスを行い、的確な意思疎通ができるようになり、売上向上のための施策を実行に移せるようになりました。

　その具体的な例としてはダッシュボード#1にて紹介した新規見積の促進などがあります。また副次的な効果として、標準化された指標を共有することにより、特に若手の営業部社員の取るべき行動が明確になりました。本来、勘や経験を養うのに膨大な時間と試行回数が伴いますが、営業の改善すべき項目が明らかになったことで標準的なレベルまでの成長が促進されます。

　どんな組織においても、メンバーたちが1つの方向を目指すことは重要です。データドリブンな組織体制の構築により、組織のレベルが向上したと言えるでしょう。

**ダッシュボードの持続的な開発が可能に**

　帳票や一部のダッシュボードは、ベンダーに一度委託してシステム構築を行うと、継続的な改善にかかるコストが膨大になるため、ワンショットのプロジェクトで終わってしまうケースが多いです。そのため、後か

らデータに対する理解が深まり、新しいデータモデリングのアイデアが生まれても、実装に移せないということが起きます。

　しかしBIツールであれば継続的なダッシュボードの改善をビジネスユーザーで完結することができるため、データリテラシーの向上に応じてよりビジネスインパクトの大きいダッシュボードを開発することができます。アジャイル性を携えたダッシュボードの構築環境は、データドリブンな組織を作る観点で非常に大きなメリットをもたらします。

データリテラシーフィードバック

| データがどのように生まれ、何を意味しているか理解できる力 | ダッシュボードを実際に設計する上で外部スペシャリストのサポートが発生しました。一方でビジネスに対する言語化能力が高く、売上向上のための指標設計が的確であったため、効果的なダッシュボード作成に活かされました。 |
|---|---|
| データを適切な手段で取得できる力 | 元々、営業日報のデータなどを集めても、有用なインサイトを引き出せていない状態でした。BI導入後、これらのデータを統合して、担当者ごと、期間ごとなどの切り分けをして活用できる環境が構築されました。 |
| データを適切な手法で利用できる力 | 営業チーム（現場担当者）レベルまでデータ活用が浸透しておらず、目安となる指標がないために業務の標準化を行えていないことが課題でした。営業部内で指標を共有し、ダッシュボードを社内システムに組み込むことで、データ活用の浸透を行いました。 |
| データが持つ価値について言語化し、説明できる力 | ビジネスに対するドメイン知識があり、売上向上の戦略設計に対して高い言語化能力を持っていることが一番の特色でした。経験を用いて重要な指標を言語化することで、科学的なアプローチへとシフトしていくことが可能となりました。 |

## 【コラム】アジャイル性

　アジャイルとは、「敏捷」という意味のアジリティ（Agility）に由来する言葉です。例えばアジャイル開発という言葉は、プロダクトの価値を向上させるために、継続的な開発を行えるチーム体制を取ることを指します。Salesforce社から提供されているTableau Blueprint[1]

---

[1] Salesforceが提唱している、データに基づいた組織に変わるための手順を示すガイド。https://help.tableau.com/current/blueprint/ja-jp/bp_overview.htm

では、データドリブンな組織を構築するための方法が紹介されています。そこでも「アジャイル性」が重要な指標の1つとして紹介されています。

Tableau Blueprintにおいてアジャイル性は以下のように説明されています。

『分析環境がミッションクリティカルになると、導入環境は繰り返しが可能な反復プロセスで運用して、アジャイル性を維持する必要があります。』[2]

またアジャイル性を要素分解し、導入・モニタリング・メンテナンスという3つの要素に焦点が当てられています。

●導入：分析環境の用意

ソフトウェアを動かす環境のデリバリーを指します。社内の既存の環境と、Tableauの統合といった作業が必要になります。

●モニタリング：稼働状況の監視

サーバーの使用状況からパフォーマンスが悪化していないかを監視したり、ユーザーのエンゲージメントを見てユーザーに使われている状況か、ムダなデータや機能はないかといったことを分析することを指します。

●メンテナンス：安定運用ができる環境の維持

モニタリングを通して分析を行い、稼働環境を最適化することを指します。パフォーマンス調整を行ったり、環境のアップグレードを行うことなどがこれに当たります。

---

2.https://www.tableau.com/ja-jp/learn/blueprint/agility

# 7章　残業時間の可視化

**概要**

　残業時間の分析をテーマに、データアクセシビリティにおける問題を取り上げ、それを効率化していく事例を紹介します。

　勤怠管理ファイルを月単位のExcelファイルで管理している企業を例に挙げます。個々人の残業時間の実態を、1年単位などで見たい場合、このような勤怠時間の管理体制だと複数ファイルを手作業で横断的に確認する必要が出てきます。

　そのため人事や総務など、労働時間の遵守に対して責任を持つ部門は、このチェックに大きな時間を取られたり、正確性に欠ける管理をしてしまうリスクがあります。データ管理の手法を変えることで、必要なデータにアクセスしやすくし、業務を効率化することが可能です。

　今回もTableauを用いることを例に、Excel業務の改善事例を説明していきます。データ業務が効率化されることはもちろん、月次単位で管理されているデータを横断的に分析できるようにすることで、あらゆる切り口でデータ分析が行えるようになることにも大きなメリットがあります。

**課題**

　本章の事例では超過残業に対して人事部と総務部が責任を持っており、残業の実態を総務部が手作業で調査していました。労働時間の記録はタイムカードによって行われ、月ごとにそのデータをCSV形式でエクス

ポートし、Excelに記録をするという仕組みでデータを記録していました。このデータから残業時間を分析するには多くの手間が必要であり、いくつかの問題が引き起こされていました。実際にどのような問題が起きているか、例を紹介します。

①過度な残業をしている社員を網羅できていない。

　勤怠のデータはExcelファイルに記録されていますが、各社員の労働時間について、法律に基づくさまざまな基準で評価しようとすると、膨大な手間がかかります。

　全ての社員に対して完全な評価を行うのは難しいので、残業時間の多い社員を探す方法は「残業の多そうな社員に対して総務部が調査を行う」という形式でした。当然、このやり方では基準が曖昧であり、全社員を網羅できるものではありません。残業時間が多い人がいるということは潜在的に分かっていましたが、例えば月60時間以上残業している人は○○人いるといった定量的な把握ができていないことが問題でした。

②残業が慢性的か、一時的かを把握するのが大変である。

　労働時間の管理はExcelファイルで月ごとに管理されていたため、特定の社員が毎月どれだけの残業をしているかということを調べるには1つ1つのファイルを開き、データを参照するという手間が必要でした。調査対象の数が増えるほど必要な手作業も増すため非効率的な上に、数値ベースのチェックをするため、各月の残業時間の変遷を視覚的に把握することも不可能でした。各社員の月ごとの労働時間を一括で参照できるようにするには、ファイルごとのデータを統合する必要があります。

③労働環境の改善施策が効果的でない。

　残業の多い社員に対する従来の対応は、総務部からその社員に対して通知を行い、必要に応じて代休や残業の停止を勧告するという方式を取っ

ていました。しかし、このやり方は上手く改善に繋がっていませんでした。慢性的な残業をしている社員に対しては根本的な労働環境の改善が必要です。

　総務部と人事部は、各部署のマネージャーに部下の残業時間の管理をさせることで労働環境の改善が可能だと考えていました。ただし、データの共有権限の制御に障壁があったり、数値の羅列だけだと問題をイメージさせづらい等の問題があり、実行に移せていませんでした。

　①②の根幹にある問題は、データが月ごとに管理されているために一気通貫した可視化・分析ができないという点にあります。その結果、各月のファイルを1つずつ開くという手作業が生まれたり、数値データの確認が目視作業になってしまうという問題が引き起こされ、手間がかかります。そして同時に、ヒューマンエラーを引き起こすリスクも高くなっています。

　このようなケースでは、まずExcelのデータを統合する必要があります。今回のプロジェクトではTableauを導入するので、TableauのデータソースとしてExcelファイルを指定することで、複数のExcelファイルのデータを一括して参照できるようになります。元々は残業の多い社員の検出が勘に基づいた手法であったり、慢性的な残業をしているかの判断が目視で確認をした社員の自己判断になっていましたが、各月のデータを統合することで各社員の月ごとの残業時間の遷移を視覚的に捉えることができるようになります。

　①②が総務部や人事部といった労働時間を管理する側の課題であったことに対し、③は労働者全体における課題です。労働環境の改善を行うためには全社的な取り組みが必要になるでしょう。

### 組織

　労働時間に対して責任を持つのは総務部と人事部です。元々、残業時間の実態調査は総務部が行なっていました。しかし先述のように労働時間の管理方法には非効率的な点が多く、人事部のメンバーが残業時間管理の効率化を図るためにTableauを用いたプロジェクトを発足しました。人事部のプロジェクト担当者はIT企業出身のデータリテラシーが高い方であり、総務部も必要に追われていたためTableauの導入にはポジティブでした。そのため、Tableauを用いた残業時間管理プロジェクトは円滑に立ち上げられると見込めます。

### 組織単位でのデータ活用の浸透

　先述のように、労働環境を根本的に改善するためには、超過残業をしている社員を検出した上で、その社員の仕事量を減らさなければいけません。総務部から労働時間の制限を通告したとしても一時的な応急処置になってしまいますから、残業時間の多い社員にはその直属のマネージャーが労働環境を改善するという仕組みを作る必要がありました。

　しかし全てのマネージャーに対して「ダッシュボードであなたの部下の労働時間が見えるようになったから、問題があれば労働環境を改善してね」と一度言っただけで、全社的に労働環境が改善されるとは到底考えづらいです。今回はさらに、ダッシュボードを参照して部下の労働時間を管理してもらわないといけないので、データを見る習慣が今までなかったマネージャーにとっては習慣化にさらに時間がかかることも想定されます。

　マネージャーに対して部下の労働時間管理を徹底させ、主体的に改善させていくには、ダッシュボードにアクセスしやすい環境を作る、定期的に労働時間の管理を行うように通知を行う等のさまざまな工夫が必要になるでしょう。

## 目的

「過度な残業をしている社員の実態（どれだけの時間超過しているのか、人数はどれほどか、慢性的かどうか等）を把握する」

近年、働き方改革関連法に代表されるように、労働環境の改善に対する法整備が進んでいます。基準を超える残業を社員にさせてしまい、書類送検される企業も出ており、残業時間の管理はこれまで以上に重要視する必要があります。そのため、従来のように残業時間の管理において定性的な対応をするのは大きなリスクになります。

## アプローチ

### プロジェクトの全体像

データソースは月ごとの労働時間を記録したExcelファイルです。これらをデータベースに移行するのは大きな手間がかかりますが、TableauであればExcelファイルをデータソースとして扱えるので便利です。データソースからダッシュボードの共有までのフローは以下のようになります。

1. 特定のフォルダにExcelファイルを保存する
2. Tableauダッシュボードのデータが自動的に更新される
3. Tableauサーバー上にダッシュボードをパブリッシュする
4. 共有権限に基づいて各ユーザーがアクセスできるようになる

残業時間管理のために作成したダッシュボードは2つあります。1つは全社で残業時間の多い社員の数をさまざまな条件に応じて見ることができるダッシュボード、もう1つは直近月の残業時間が多い緊急性のある労働状況を検出するためのダッシュボードです。

ダッシュボード#1
　メインのダッシュボードは、長時間残業をしている社員の数を部署ごとに可視化し、個人単位までドリルダウンできる設計になっています。まず初めの画面では全体での概要が示されています。例えば、

　・年間残業時間（500時間以下となっているか）
　・月あたり残業時間が40時間を超えた回数（年間6回以下となっているか）

といった条件に基づいて、当てはまる社員の数がダッシュボード上部に可視化されます。下部には部署ごとに何人いるのかの内訳が表示されます。部署をクリックすると、各部署の社員の労働時間が月単位で表示されます。全社から部署、部署から個人という単位でドリルダウンできるようにすることで、全社員のデータを共有したり、特定の部署に限ってデータを共有するといった制御がしやすい設計になっています。また、個人の労働時間を可視化したダッシュボードでは下記のようなデータを参照することができます。

　・総労働時間
　・年間残業時間
　・深夜残業時間
　・休日残業時間
　・有給取得数
　・残業時間が45時間を超えた回数

ダッシュボード#2
　2つ目は残業時間の速報値を示すダッシュボードです。これは直近1ヶ月の労働時間が多い社員順にデータを並べた簡素なダッシュボードにな

ります。慢性的に残業しているかといった分析を行うにはデータを蓄積する必要がありますが、突発的に過度な残業をすれば当然体調を崩すことに繋がります。このような場合は悠長にデータが溜まるのを待っているわけにもいきませんので、緊急性の高い残業を検出するためのダッシュボードとなっています。

## 効果と教訓

ダッシュボードツール導入のメリット
　今回のプロジェクトにおいてダッシュボードツール（Tableau）を使う複数のメリットをまとめます。

●ファイル管理の手間を削減できる
　今までの業務で発生したさまざまな問題の根幹にあった「データが月ごとに管理されている」という仕組みを変え、ファイルのデータを統合することができました。特定のフォルダにExcelファイルを保存するとダッシュボード上のデータも自動更新されるため、残業時間の分析に充てる時間を増やすことが可能になります。

●残業時間の超過の度合いを定量的・視覚的に表現できる
　超過残業の実態を定量的に視覚化できないことの問題は大きく分けて2点ありました。

- 残業している社員とそうでない社員の判断の仕方が定性的で曖昧になっていた
- マネージャーに対して自分の部下の残業時間をイメージさせづらかった

ダッシュボードの機能によって「45時間以上の残業をしている月が年間6回以上ある」など、定量的な基準で社員を絞り込めるようになりました。また、各社員の月ごとの残業時間もダッシュボード上で閲覧できるようになったため、労働時間の遷移を視覚的に捉えたり、他の社員との比較ができるようになることで残業時間のイメージがつきやすくなりました。

●データが共有しやすくなる
　これについてはメリットが2点あります。1点目は共有範囲です。今までは全社員の労働時間が1つのファイルで管理されていたために、部署のマネージャーへデータを共有するにはファイルの中身を切り分けて共有するしかありませんでした。しかし、この作業に手間をかけるのは非効率的です。ダッシュボードへの移行により、部署ごとのデータ参照が可能になったため、共有範囲の制御をしてマネージャーへ共有できるようになりました。
　2点目はデータへのアクセスのしやすさです。ダッシュボードへは共有リンクをクリックするだけでアクセスすることができます。専用のアプリを開いてファイルをインポートするという形式ではなく、ブラウザ上で簡単に閲覧できるという形式であるためユーザビリティが高く、共有相手のデータ参照までのストレスも軽減できます。

プロジェクトにおける効果と得られる知見
　今回のプロジェクトにより、労働時間の分析を多角的に行えるようになりました。これによって恩恵を受けるのは労働管理を行う側と労働者側の両者です。それぞれにどんな効果があったのかを解説します。

●データ管理の大きな工数削減
　ファイルを手作業かつ目視で参照しなければならないという非効率的

な業務が、データの統合とダッシュボードの自動更新によって大幅に効率化できました。Excelのデータをベースとして、見る場所をダッシュボードに一元化できるというのはBIツールの大きな強みです。

　当然基盤を作るのにある程度の手間はかかりますが、本来データ基盤を刷新するとなると、データを収集する方法から変えなければならなかったり、システムを大幅に組み替える必要があったりと、今回のプロジェクトとは比較にならないほどの手間とコストがかかるプロジェクトになってしまいます。今回の場合はExcelによって管理されている勤怠管理データに絞ったユースケースになるので、そのような大掛かりなデータ基盤を用意する必要がなく、データソース（Excel）とユースケース（Tableau）のシンプルなシステムでデータ管理を行うことができました。

●労働環境の改善
　総務・人事のデータ管理の手間が省けたことは今回のプロジェクトにおける重要な成果ですが、本質的な問題は労働環境の改善です。ダッシュボード上で労働者の現状を可視化できても、そこから労働者へのメリットに繋がる施策を導かなければいけません。

　今回のプロジェクトでは各部署のマネージャー単位にまで労働時間の管理をさせるという施策を考えていました。これはデータから得られるインサイトを実際に改善アクションに落とし込むための施策です。「欲しいインサイトを得るためにはどのようにデータを分析したらいいか」だけに囚われてしまうと机上の空論的な取り組みに陥ってしまい、実務的な効果が出なくなってしまいますから、既存のビジネスプロセスを理解して実践的な視点を持つことを忘れないようにしましょう。

残課題について
　現場のリサーチや労働環境改善の取り組みを通して新たに明らかになった課題もありました。2つの残課題を紹介します。

●労働時間管理の定着の難しさ

　当初から想定していたように、マネージャーは普段からデータを見る習慣がないため、労働時間の管理を定着させることが大変でした。新しい仕組みを組織に定着させる上で重要なのは、負担を減らして業務を楽にしてあげることです。

　今回のダッシュボードも極力機能を減らし、最小限で分かりやすくすることを特に意識しています。また、ブラウザ上でダッシュボードを閲覧できるようにすることでデータの参照までの障壁を減らしています。しかし、それでも習慣化が難しかったり、そもそもマネージャー自身が過酷な労働をしているという実情もあり、マネージャー単位で労働時間の管理を完結させるまでには至っていません。マネージャーが機能しない場合には、総務部や人事部がサポートするという体制を取ることで、改善を図っています。

●データにない残業

　今回のプロジェクトを通して実態調査をする中で新しく分かった課題があります。それはいわゆるサービス残業というものです。残業に対する問題意識は強まっており、上部から残業を減らせという強い命令が来ることがあります。しかし、どうしても片付けなければならない仕事がある時に、労働時間を記録せずに業務を行うということも実態としてあるようです。

　将来的にこのような時間外労働を検出できるようにするには、パソコンの起動ログ等をデータソースとして労働時間を管理する必要があります。タスクマイニングツールのようなソフトウェアを用いて起動ログの管理は可能ですが、さまざまな操作のログが見えるようになり、働いている側の負担になる可能性も考えられるため、慎重な協議が必要です。

データリテラシーフィードバック

| データがどのように生まれ、何を意味しているか理解できる力 | データの内容については自明なのでデータの理解については問題ありませんでした。一方で、データにない残業など、データに反映されていない業務実態について精査する必要があります。 |
|---|---|
| データを適切な手段で取得できる力 | 勤怠データの取得方法に大きな変化はありませんでした。しかしTableauに集約したことでアクセス制御がしやすくなり、データアクセシビリティが改善されました。 |
| データを適切な手法で利用できる力 | 従来の環境では、労働時間をさまざまな分析軸で評価し、管理することが大変でした。対して、ダッシュボードの実装によって残業超過を取りこぼさずに可視化できるようになったことは今回の一番の成果と言えます。 |
| データが持つ価値について言語化し、説明できる力 | Excelデータを集約することで過度な残業をしている社員の実態を把握するという目的は達成できたと思います。ダッシュボードを用いて残業時間管理を組織に浸透させていくという点に関してはまだ課題があります。 |

【コラム】Excelデータフォーマットの心得――これをやるべし！

　今回の事例ではExcelで管理している複数のファイルを、Tableauを活用することで統合管理できるようになるというメリットを紹介しました。データ活用がますます重要になる中、現段階ですぐにBIツールを導入するというわけではない企業の皆さんにとっても、今後の発展的なデータ分析を想定して活用しやすい形でデータを管理することが重要です。今回は、将来的にBIツールを導入するという視点で、Excelを使用してデータ管理を行う上での適切なデータフォーマットの作り方について解説します。

●1．欠落したデータが少ない

　データが欠落している場合、正確な分析が行えないという結果に繋がることがあります。あまりにも欠落が多いと、そもそもデータが使えず、データ収集をし直す必要が出ることもあります。データ

収集や入力の段階から、できるだけ欠落データが少ない状態を目指してください。

●2．余白の行や列を避ける

　余白の行や列を入れると、データの見た目は整理されているように見えますが、TableauなどのBIツールで分析を行う際には問題が発生することがあります。データ分析を考慮したフォーマットでは、余白の行や列を極力入れないようにしましょう。よくあるのは最初に空白の列や行を入れているケースですが、Excelファイルの場合はA1セルから始めることが望ましいです。

●3．セルの結合を避ける

　データの見た目を整えるためにセルの結合を行うこともありますが、これもデータ分析において問題が生じることがあります。BIツールに導入する際、ExcelファイルはCSV形式のデータに変換されます。この時結合されたセルは想定していない形になります。極力セルの結合を避け、データが正確に扱えるようにしましょう。もしすでに結合したセルがある場合は、結合を解除し、Excelファイルを他のBIツールで参照する形式で運用することをお勧めします。

●4．1つのシートには1つの表をまとめる

　1つのシートに複数の表を入れると、データの管理が煩雑になります。また、データ分析を行う際にも手間がかかることがあります。シートを分けて、1つのシートには1つの表をまとめるようにしましょう。Excel上で複数の表を扱いたい場合は、全てのデータをまとめたシートを1つ作り、細分化した表をそれぞれ別のシートに作ることをお勧めします。これにより、データの整合性が保たれ、データ分析にも適した形でデータを扱うことができます。

「本来はデータの可視化までしたかったのにデータクレンジングだけでプロジェクト期間が終わってしまう」というプロジェクトも発生するほど、データクレンジングには大きな手間がかかってしまいます。普段からデータを活用することを想定してデータフォーマットを整理する取り組みは今からでも始められると思うので、ぜひ実践してください。

# 8章　データアクセシビリティの向上

**概要**

　最後の事例となる本章では、通信系商材の販売レポート作成業務の自動化をテーマとした事例を紹介します。従来の業務では下記のような流れで月次でレポート作成が行われます。

1．全てのデータを共有サーバーに収集
2．元データを分析用に加工
3．Excelファイルにインポートしてグラフを作成
4．レポートを作成（スライド）

　作成されたレポートは、商材のカテゴリーごとの契約数の可視化を行い売上状況の確認をする等、販売戦略の設計に用いられます。
　今回のケースでは、扱う商材が50種類以上あり、それぞれの商材に複数のオプションがあります。販売データを管轄する機関も地域などによって異なります。オプションが違ったり、データを管轄する機関が異なるだけで、データの形式が異なるため、データを統合するための加工フローが非常に複雑になります。
　ブラックボックス化した膨大な加工フローをTableau Prepと呼ばれるデータ加工ツールを用いて自動化・可視化し、月末の販売レポートを作成する業務を効率化するまでの流れを説明していきます。

## 課題

### データ加工業務における課題

　販売データはさまざまな機関によって管理されており、形式や保存場所がバラバラになっているため、データの加工フローが複雑になります。

　最初は仕様書を作成し、加工内容が見える化されている状態でした。しかし、加工フローが複雑である分、細かい修正などが入ると徐々に管理が追いつかなくなります。次第に、加工方法の変更があった際に仕様書には変更が反映されないという状況が多発していきました。

　結果として手作業が増え、正しい加工方法は人ベースに受け継がれるようになっていきました。仕様書がなく、手作業が発生している状態だと、データ加工を行うために正しい方法を分かっている人に聞く必要が出てしまい、手戻りが頻発するという問題が生じます。また人的なリソースの負担も大きく、問題になっていました。

### データ収集における課題

　データの収集における問題は大きく分けて3つあります。

●データの保管場所の分散

　部署が細分化され、多くの組織が存在している企業によくあるのが、データが分散しているという問題です。今回のケースではデータは共有サーバーにファイルとして保存されています。しかし、サーバー上でのファイル保存場所のルール付けがされておらず、部署によって保存場所がバラバラという問題が発生していました。1つの部署内でデータを扱うのであれば問題ないかもしれませんが、もっと上のレイヤーで横断的なデータを運用する場合は大変です。部署ごとにデータがどこに保存されているのかが分からず、レポート作成に大きな手間がかかってしまいます。

●データの形式のばらつき

　データを管轄する場所によって、データの構造が異なるという問題です。使用しているシステムが違ったり、データのレイアウトが異なるなど、管轄する機関によってデータの構造が違います。複数の箇所にあるデータを統合するためには、データの中身を確認して個別の形式に合わせた加工を行わなければならなくなるので、手間が発生します。こちらもデータの分散と同様に、横断的なデータ運用を考える際に大変です。

●データの一意性

　共有サーバーにファイルを自由に保存できるようにしてしまうと、元のファイルを複製・加工したファイルも同じ場所保存されている状況が生まれてしまいます。そのため、元データの判別が難しくなり、レポート作成に利用すべきファイルがどれか分からなくなってしまいます。正しいデータを探す手間を省いたり、誤ったデータをレポートに使用するというリスクを避けるためには、共有フォルダのアクセス制御を柔軟に行えるようにしておくのが望ましいです。

### 多くの手作業の発生

　データの加工業務には手作業が発生しており、Excelへの書き出しやスライドへの添付等にも手作業が発生している状態です。このデータ運用フローから可能な限り手作業をなくして自動化していくためには、まずデータ基盤を整える必要があります。

　データの収集から統合、加工、ダッシュボード作成といった一連の業務をTableau系のツールを用いることで自動化します。また、データ運用のルールの見直しも重要です。例えばデータの保存場所やブラックボックス化してしまったデータ運用フローは再定義して、仕様を明確にする必要があります。

## 目的

「販売におけるレポート作成業務の効率化と高度化」

目的を達成するために、下記の状況から脱却することを目指します。

- データ加工の流れがブラックボックス化している
- レポート作成に手作業が発生している

データ運用基盤の構築はデータアクセシビリティの向上に直結します。組織のデータリテラシーに目を当てる際に必要なのは「データを活用しやすい環境づくり」です。データの運用基盤が整うと、部門横断的な分析ができるようになったり、他のツールを使った分析を考えられるようになっていき、データドリブンの促進に繋がります。

## アプローチ

Tableau系のツールを基盤としたデータアクセシビリティの高い環境の構築アプローチについて説明していきます。

### データの統合環境の構築

データは社内の共有サーバーに収集されていました。しかし、運用ルールが曖昧になっており、データの保存場所がバラバラになっていたり、加工されたデータかどうかの判別ができないという問題が発生していました。この問題に対し、共有サーバーとして"Tableau Cloud"を用いることにしました。Tableau CloudはWebブラウザ上で複数人でBIダッシュボードを共有できる環境です。

新しい統合環境を用意する上で、まずは運用ルールを策定します。デー

タを自動更新するためのフォルダをTableau Cloud上に用意し、部署あるいはデータの種類ごとにどこのフォルダにファイルを保存するかを決めます。これにより、ファイルのデータを自動的に統合することが可能となります。

　また、Tableau Cloudをベースにすることで、利用するデータの信頼性を担保することも可能です。ファイルをアップロードする権限はシステム管理者によって認証できるようになっています。また、各ファイルの編集者の履歴も可視化されます。これによって元データがどれか明確になります。

### データ更新の標準化と自動化

　従来データベースのシステムでコードベースで行われていたデータ加工はTableau Prepというデータ加工ツールで加工します。Tableau Prepとは、データ加工の内容の設定をGUIで行うことができるツールです。データの書き換えや統合などの編集内容とフローを可視化することが可能であるため、どのような処理をしているのかが分かります。

　Tableau Prepにはコメント機能があり、データ加工の各工程で注意事項等を書き込むことができるようになっています。データの加工内容はTableau PrepのUI上で確認できるので、加工の自動化と同時に加工フローの可視化を行うことが可能です。Tableau Prepはデータ加工の自動化ツールとしてだけでなく、従来のデータ加工の仕様書としての役割も担います。

　元々スライドで作成していたレポートは、Tableauダッシュボードへ移行します。Tableauは他のBIツールと同様にダッシュボードにリアルタイムデータを反映でき、データの更新を自動的に行うことができます。

### データ運用業務の変化

　従来のデータ運用フローと新しく設計されたTableauベースのデータ

運用フローは大きく変わります。新しいデータ運用フローではデータとダッシュボードを接続することで、ダッシュボード作成までに必要な工程がシンプルになり、手作業で行なっていた業務の多くが自動化されます。

## 効果と教訓

### 可視化と分析を重視したデータ運用へ

　データの統合ルールを整理し、データ加工フローをTableau Prepで自動化・可視化、Tableauダッシュボードへとレポートを移行したことで、業務時間を大きく削減することができました。

　データの可視化までの時間を短縮したことで、その先にある分析に割く時間を増やすことができます。例えば従来は帳票を用いた数値ベースでのレポートを作成していましたが、今後の展望としてグラフ等を活用したよりグラフィカルなダッシュボード設計を行うことで、組織での意思疎通を促進するといったシナリオを描けるようになります。

### データ運用方法の標準化

　元々存在していたデータ加工における仕様書は、実際の運用方法とは異なっており、実際の仕様はブラックボックス化していました。

　Prepを導入したことにより、高い視認性でデータ加工フローの現状を透明化することができるようになりました。加工フローは複雑かつ膨大であるため、全体像を人の目で把握することは難しいです。

　Prepでは各工程におけるデータや処理の内容を確認することができ、常に最新の加工フローが反映されている状態になるので、自動的に最新の仕様が可視化されます。

### データ基盤を構築するメリット

　今回はTableauをベースにしたミニマムな形でのデータ基盤構築を例

にしました。販売レポート専用のデータ基盤など、ユースケースが絞られたデータ基盤であれば今回のような形でもいいですが、さまざまなユースケースがある場合はデータウェアハウスなどの統合的なデータ管理基盤を用意したほうが高いデータアクセシビリティを保てます。

今回のようなPrepを用いたデータ基盤でも、データウェアハウスでも、重要な考え方は、すぐに使えるデータを集めておくということです。

Prepを用いてデータ加工を自動化し、それをTableauに読み込ませたことで、ユーザーはすぐに分析に使えるデータを扱うことができます。データウェアハウスを用いたデータ基盤も、ユーザーがアクセスできるのは適切な加工が行われ、用途に対応したデータです。好きな時に必要に応じたデータにアクセスできることは、ビジネスユーザーを含めた全社的なデータ活用を促進する上で重要です。

今回の事例のようにデータベースの中身がブラックボックス化していたり、データが信頼のできるものか分からない状態になってしまうとデータプロジェクトが進みづらくなって頓挫してしまい、データ文化を広げることが困難になってしまいます。

データリテラシーフィードバック

| | |
|---|---|
| データがどのように生まれ、何を意味しているか理解できる力 | 元々レポートに用いるデータの加工フローがブラックボックス化していました。これを可視化し、データ加工を属人化させず、誰もが理解できる状態を作ることができました。 |
| データを適切な手段で取得できる力 | 従来のファイルベースのデータ加工フローはデータの信頼性、リアルタイム性、アクセスのしやすさの観点でアクセシビリティが低い状態でしたが、改善されました。販売レポート以外のユースケースに対してもアクセシビリティを向上させるのであれば、データウェアハウス等を用いた統合環境が有用になります。 |
| データを適切な手法で利用できる力 | - |
| データが持つ価値について言語化し、説明できる力 | - |

著者紹介

## 水野 悠介 (みずの ゆうすけ)

株式会社デリバリーコンサルティング コンサルティング本部 データストラテジーグループ グループ長
データ戦略とデータリテラシーの専門家。特にTableauを活用したデータの可視化、分析、共有基盤の構築に豊富な経験を有する。キャリア初期にはシステムアーキテクチャの設計・構築で高い技術力を発揮し、現在はデータ基盤構築と効率的なデータ運用を支援。企業の大量データからインサイトを引き出し、経営意思決定に貢献している。
キャリアの出発点は大手自動車会社向けのSFAシステム構築で、アーキテクチャ設計・開発に従事。その後、POSデータ分析サービスのプロジェクトマネージャーとしてデータ活用の世界に入り、大手百貨店や小売業向けのデータプラットフォーム構築に携わる。2013年からはTableauコンサルティングサービスを提供し、ダッシュボード開発、パフォーマンスチューニング、Webアプリケーション構築などに関与。さらに、Tableau Serverの導入・運用支援やデータガバナンスの設計にも注力している。
現在は「データリテラシーエンジニアリングサービス」を展開し、データリテラシーの向上に力を入れている。プライベートでは、サッカーやフットサルを楽しみ、ラーメンやパン巡りが趣味。

◎本書スタッフ
アートディレクター/装丁： 岡田章志＋GY
編集： 向井 領治
ディレクター： 栗原 翔

●お断り
掲載したURLは2024年11月1日現在のものです。サイトの都合で変更されることがあります。また、電子版ではURLにハイパーリンクを設定していますが、端末やビューアー、リンク先のファイルタイプによっては表示されないことがあります。あらかじめご了承ください。

●本書の内容についてのお問い合わせ先
株式会社インプレス
インプレス NextPublishing　メール窓口
np-info@impress.co.jp
お問い合わせの際は、書名、ISBN、お名前、お電話番号、メールアドレスに加えて、「該当するページ」と「具体的なご質問内容」「お使いの動作環境」を必ずご明記ください。なお、本書の範囲を超えるご質問にはお答えできないのでご了承ください。
電話やFAXでのご質問には対応しておりません。また、封書でのお問い合わせは回答までに日数をいただく場合があります。あらかじめご了承ください。

●落丁・乱丁本はお手数ですが、インプレスカスタマーセンターまでお送りください。送料弊社負担にてお取り替えさせていただきます。但し、古書店で購入されたものについてはお取り替えできません。
■読者の窓口
　インプレスカスタマーセンター
　〒101-0051
　東京都千代田区神田神保町一丁目105番地
　info@impress.co.jp

# データリテラシーとの格闘
## 身の回りの「データ」に対する見方が変わる！

2024年11月29日　初版発行Ver.1.0（PDF版）

監　　修　高橋 昌樹
著　　者　水野 悠介
編 集 人　桜井 徹
発 行 人　高橋 隆志
発　　行　インプレス NextPublishing
　　　　　〒101-0051
　　　　　東京都千代田区神田神保町一丁目105番地
　　　　　https://nextpublishing.jp/
販　　売　株式会社インプレス
　　　　　〒101-0051　東京都千代田区神田神保町一丁目105番地

●本書は著作権法上の保護を受けています。本書の一部あるいは全部について株式会社インプレスから文書による許諾を得ずに、いかなる方法においても無断で複写、複製することは禁じられています。

©2024 Mizuno Yusuke, Takahashi Masaki. All rights reserved.
印刷・製本　京葉流通倉庫株式会社
Printed in Japan

ISBN978-4-295-60355-9

●インプレス NextPublishingは、株式会社インプレスR&Dが開発したデジタルファースト型の出版モデルを承継し、幅広い出版企画を電子書籍＋オンデマンドによりスピーディで持続可能な形で実現しています。https://nextpublishing.jp/